TOUT SUR L'UNIVERS

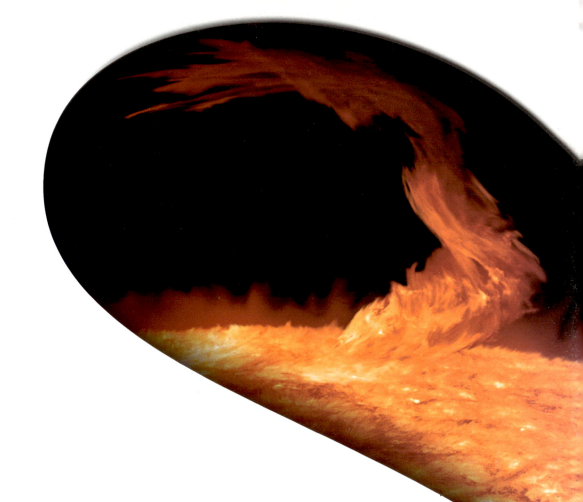

TOUT SUR L'UNIVERS

Mike Goldsmith

Première publication en 2012 par Kingfisher
une marque de Macmillan Children's Books
un département de Macmillan Publishers Limited
sous le titre *The Kingfisher Space Encyclopedia*

Copyright © 2012 Macmillan Children's Books
Édition : Lionel Bender
Maquette : Ben White
Recherche iconographique et coordination : Kim Richardson

Édition française
© 2012 Rouge & Or, Paris
Copyright © 2015 Rouge&Or, SEJER,
25 avenue Pierre de Coubertin, 75013 Paris,
pour la présente édition

Traduction :
Alice Gallori et Laurent Laget
Réalisation : Philippe Brunet/PHB

Tous droits réservés. Aucune partie de ce livre
ne peut être reproduite, enregistrée ou transmise,
par quelque procédé que ce soit, électronique,
mécanique, photocopie, bande magnétique,
disque ou autre, sans l'autorisation
écrite préalable de l'éditeur
ou du détenteur des droits.

N° d'éditeur : 10201824
ISBN : 978-2-26-140447-6
Dépôt légal : octobre 2015

Conforme à la loi n°49-956 du 16 juillet 1949
sur les publications destinées à la jeunesse,
modifiée par la loi n°2011-525 du 17 mai 2011.

Imprimé en Chine

Note aux lecteurs : les adresses Internet indiquées dans cet ouvrage sont correctes au moment de la publication. Toutefois, en raison de la nature changeante d'Internet, les adresses et le contenu des pages peuvent évoluer. Les sites Internet peuvent contenir des liens qui ne conviennent pas aux enfants. L'éditeur ne pourra être tenu responsable de tout changement d'adresse ou de contenu des sites indiqués ni d'informations obtenues par des sites tiers. Nous recommandons fortement que les recherches sur Internet soient supervisées par un adulte.

Sommaire

Observer l'espace	9	**Le Système solaire**	33
Observer le ciel	10	Le Soleil et ses planètes	34
Le jour et la nuit	12	Naissance du Système solaire	36
Les saisons	14	Mercure	38
Un ciel changeant	16	Vénus	40
Les constellations	18	La Terre	42
Les éclipses	20	La Lune	44
Radiations de l'espace	22	Mars	46
Les télescopes optiques	24	La vie sur Mars	48
Les radiotélescopes	26	Jupiter	50
Les observatoires terrestres	28	Saturne	52
Observatoires spatiaux	30	Uranus	54
Grands astronomes	32	Neptune	56

Mondes miniatures	58
Poussières et météorites	60
Comètes et nuage d'Oort	62
Grandes découvertes	64

Étoiles et galaxies — 65

Qu'est-ce qu'une étoile ?	66
Le Soleil	68
La surface du Soleil	70
Naissance d'une étoile	72
Mort d'une étoile	74
Étoiles à neutrons et pulsars	76
Les trous noirs	78
Les étoiles variables	80
Les étoiles binaires	82
Les amas d'étoiles	84
Les nébuleuses	86
La Voie lactée	88
Les galaxies	90
L'Univers	92
Le Big Bang	94
Les distances dans l'espace	96

L'exploration spatiale — 97

Les pionniers de l'espace	98
Échapper à la gravité	100
Voyager à travers l'espace	102
La course à l'espace	104
Missions sur la Lune	106
Des hommes sur la Lune	108
La navette spatiale	110

Les combinaisons	112
Vivre dans l'espace	114
Les satellites	116
Navigation par satellite	118
Les stations spatiales	120
Un laboratoire spatial	122
Les sondes spatiales	124
Atterrisseurs et astromobiles	126
Les grandes dates	128

L'espace, demain — **129**

Les avions spatiaux	130
Mission sur Mars	132
Propulseurs du futur	134
Ressources à exploiter	136
Base lunaire	138
Base martienne	140
La vie dans l'espace	142
Vaisseaux spatiaux	144
La vie ailleurs	146
Contact extraterrestre	148
Par-delà le temps et l'espace	150
Questions sans réponses	152
Livres et films	154

Glossaire	155
Index	157
Remerciements	160

INTRODUCTION

L'Univers – que l'on appelle aussi le cosmos – est constitué de tout ce qui existe, a existé ou existera un jour. Tu vas voyager à travers l'Univers, de la Terre, où l'on se sert de télescopes pour scruter le ciel, jusqu'aux confins du temps et de l'espace.

Ce livre se compose de cinq parties. La **première partie** explique comment l'Univers nous apparaît depuis la Terre et comment des scientifiques – les astronomes – l'observent et l'étudient. La **deuxième partie** décrit le Système solaire, qui se compose du Soleil, de la Terre, de sept autres planètes et de nombreux corps célestes, comme les lunes et les poussières. La **troisième partie** t'emmène au-delà du Système solaire, pour découvrir les étoiles et groupes d'étoiles, comme les étoiles binaires, les amas et les galaxies. Cette partie explique aussi comment les astres se forment, évoluent et finissent par mourir. La **quatrième partie** décrit comment l'homme a commencé à explorer l'Univers grâce aux navettes habitées, aux télescopes et aux robots lancés dans l'espace. Enfin, la **cinquième partie** porte sur le futur de l'exploration spatiale, les vaisseaux et les colonies incroyables qui seront peut-être construits un jour, ainsi que sur les merveilles et les mystères qu'il nous reste encore à découvrir.

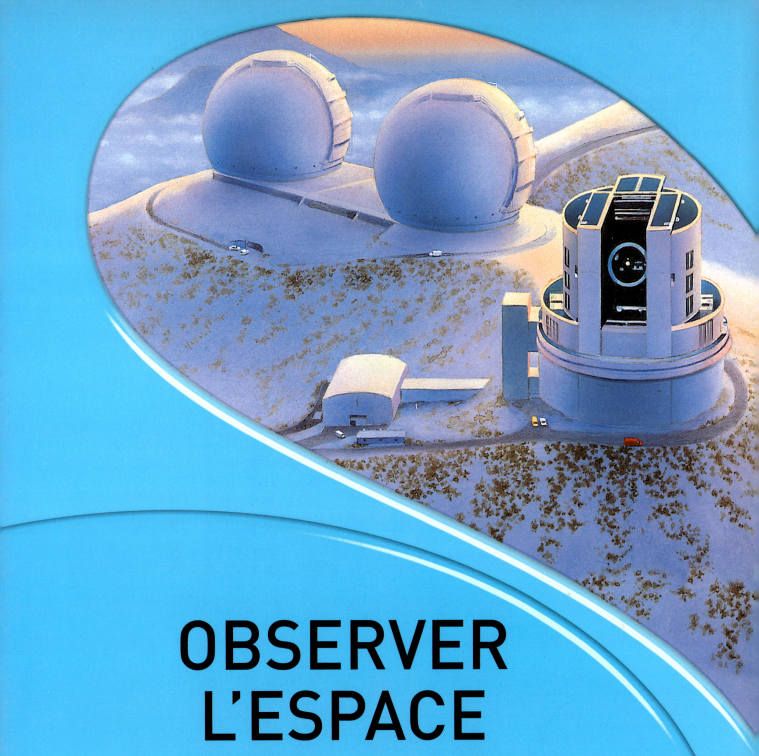

OBSERVER L'ESPACE

L'être humain a toujours été fasciné et émerveillé par les étoiles. Des milliers d'années d'étude ont été nécessaires pour comprendre leur fonctionnement. Aujourd'hui, les astronomes, amateurs ou professionnels, utilisent un grand nombre d'instruments et d'équipements pour continuer leur exploration.

Observer le ciel

Si tu as la chance d'observer le ciel une nuit sans Lune et sans nuages, loin des lumières de la ville, tu assisteras à un spectacle saisissant : le ciel est rempli d'étoiles et émaillé de zones de lumière laiteuse.

VISION NOCTURNE
La pupille, le rond noir au centre de l'œil, laisse la lumière pénétrer dans l'œil. Dans l'obscurité, tes pupilles s'agrandissent afin de capturer le plus de lumière possible. L'œil a besoin d'une vingtaine de minutes avant que la vision nocturne se renforce. Cependant, l'œil distingue mal les couleurs dans la pénombre ; c'est pour cette raison que toutes les étoiles nous semblent blanches. En réalité, beaucoup d'entre elles sont très colorées.

L'œil humain est un organe impressionnant, mais pas suffisant en astronomie en raison des grandes distances qui nous séparent des étoiles. Au cours des siècles, de nombreux instruments ont été inventés pour observer le ciel.

Ci-dessus : **Observation de l'espace avec un télescope**

Le ciel nocturne

La nuit, la luminosité de la Lune est si intense qu'elle masque celle de beaucoup d'étoiles. Lorsqu'elle n'est pas visible, on peut distinguer plus de 1 000 étoiles à l'œil nu. Certaines nuits, cinq planètes se déplacent dans le ciel étoilé *(voir partie 2)*. On aperçoit aussi de nombreuses zones de lumière diffuse appelées nébuleuses *(voir p. 86)*.

OBSERVER L'ESPACE | 11

Les aurores

Dans les régions polaires nord et sud de la Terre, on peut voir des lumières intenses dans le ciel nocturne : ce sont les aurores boréales au nord *(ci-dessous)* et australes dans le sud. Elles sont provoquées par l'entrée de particules en provenance du Soleil dans le champ magnétique de la Terre.

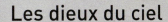

Les dieux du ciel

Avant les progrès de la science moderne, on croyait que les objets visibles dans le ciel étaient contrôlés par les dieux. Il y a plus de 2 000 ans, les anciens Grecs distinguaient des formes dessinées par les étoiles, qu'ils associaient à leurs dieux.

LE JOUR ET LA NUIT

La Terre, notre planète, tourne sur elle-même. Le Soleil en éclaire parties différentes. Il fait jour dans les régions du monde que le Soleil éclaire et nuit ailleurs. La longueur des jours et des nuits dépend de l'endroit où nous vivons et de la période de l'année.

LE TRAJET DU SOLEIL

La Terre tourne sur elle-même et le Soleil semble se déplacer dans le ciel. À l'équateur, le Soleil est au-dessus de l'horizon pendant 12 heures, puis il disparaît pendant 12 heures. Ce rythme reste le même toute l'année. Dans d'autres régions du monde, la durée pendant laquelle le Soleil est visible dépend des saisons *(voir pages 14-15)*.

A : La lumière du Soleil se répartit sur une zone importante. Il fait donc plus froid. Ici, le Soleil est bas sur l'horizon, même à midi.
B : La lumière du Soleil se concentre sur une plus petite région et il fait donc plus chaud. Ici, le Soleil est haut dans le ciel, même à midi.

DONNÉES TERRESTRES

- L'hémisphère nord est la moitié de la Terre située au nord de l'équateur.
- L'hémisphère sud est la moitié de la Terre située au sud de l'équateur.
- L'équateur est une ligne imaginaire à égale distance des deux pôles de la Terre.
- Le pôle Nord est l'une des extrémités de l'axe de la Terre.
- Le pôle Sud est l'autre extrémité de l'axe de la Terre.
- L'axe de la Terre est la ligne imaginaire autour de laquelle elle tourne.
- Le cercle arctique marque la limite sud du jour polaire (soleil de minuit).
- Le cercle antarctique marque la limite nord du jour polaire.

OBSERVER L'ESPACE | **13**

LE SOLEIL DE MINUIT

À l'équateur, le Soleil passe au-dessus de nous tous les jours. Il fait chaud toute l'année. Si tu vas très au nord ou au sud de l'équateur, le Soleil reste bas sur l'horizon toute la journée. L'axe de rotation de la Terre est incliné vers le Soleil : ainsi, à certains moments de l'année, le pôle Nord de la Terre est dirigé vers le Soleil. Les régions proches du pôle Nord ont donc des journées longues et des nuits courtes. Au cœur de l'été de l'hémisphère nord, en juillet, les journées deviennent si longues à l'intérieur du cercle polaire arctique que le Soleil est visible au-dessus de l'horizon toute la nuit, même à minuit.

Ci-dessous : Cette photographie à expositions multiples montre le mouvement du Soleil dans le ciel pendant une nuit d'été dans l'Arctique.

Les saisons

Dans les régions du monde éloignées de l'équateur, le temps change au cours de l'année et certains mois sont plus froids que d'autres. Ces différentes périodes sont appelées les saisons. L'été est la plus chaude et l'hiver la plus froide.

Dans l'hémisphère nord, l'hiver commence le 21 ou 22 décembre, qui est le jour le plus court de l'année. Le printemps commence lorsque la nuit est aussi longue que le jour, le 20 ou 21 mars. L'été commence le jour le plus long de l'année (le 20 ou 21 juin).

Pourquoi y a-t-il des saisons ?

Il existe des saisons parce que l'axe de la Terre est incliné par rapport au Soleil. En juillet, l'extrémité nord de l'axe est penchée vers le Soleil, tandis que l'extrémité sud en est plus éloignée. Cela signifie que l'hémisphère nord reçoit plus de lumière pendant cette période de l'année : c'est l'été. Au même moment, c'est l'hiver dans l'hémisphère sud.

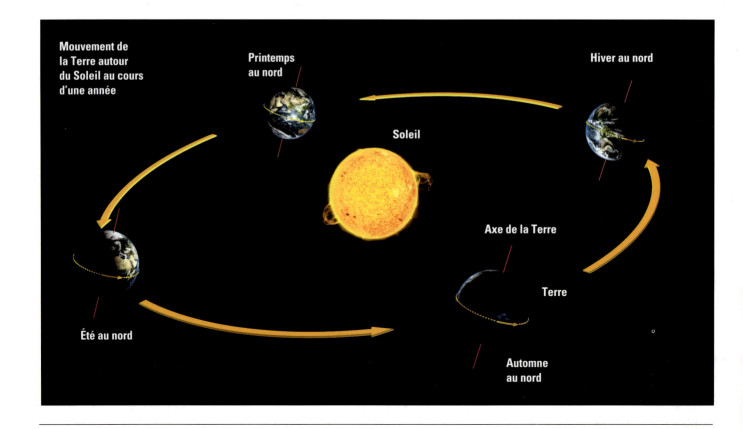

Les saisons et le temps

L'hiver est une saison froide, car avec des journées courtes, la lumière du Soleil a peu de temps pour chauffer la Terre. Le Soleil, bas dans le ciel, répartit aussi sa lumière et sa chaleur sur une grande partie de la Terre.

Les saisons sur Mars

La Terre n'est pas la seule planète à connaître des saisons. L'axe de Mars est lui aussi incliné par rapport au Soleil et cette planète a donc, elle aussi, des saisons. Leurs effets sont visibles depuis la Terre : l'été, dans l'hémisphère nord, la calotte glaciaire polaire (à droite) rétrécit, tandis que la calotte glaciaire du sud s'agrandit.

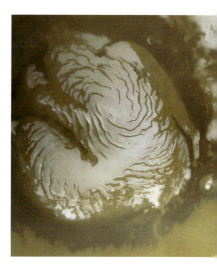

L'hibernation

L'hiver est une saison difficile pour les animaux car la nourriture se fait rare. Certains oiseaux et insectes passent les mois d'hiver dans une région plus chaude : ils migrent. D'autres animaux hibernent en dormant pendant des semaines ou des mois. Le poil des animaux à fourrure s'allonge pour leur tenir chaud.

MYTHOLOGIE

PROSERPINE
Selon d'anciennes légendes romaines, Proserpine fut enlevée par Pluton, le dieu des Enfers. Cérès, mère de Proserpine et déesse de la Terre, amena l'hiver sur le monde jusqu'à ce que Pluton lui rende Proserpine. Cérès permit alors au printemps de revenir. Mais Proserpine devait quand même retourner aux Enfers tous les ans. Ce serait donc la raison pour laquelle l'hiver revient tous les ans.

Un ciel changeant

Les étoiles au-dessus de nous changent, car la Terre tourne sur elle-même. La nuit, des étoiles apparaissent tandis que d'autres disparaissent sous l'horizon. Le ciel évolue également tout au long de l'année.

Les étoiles visibles dans le ciel nocturne changent en fonction des endroits. De nombreuses étoiles ne sont visibles que dans certaines régions de la Terre.

L'étoile Polaire et la Croix du Sud
Si l'axe de la Terre était prolongé dans l'espace, il passerait près d'une étoile appelée étoile Polaire d'un côté et d'une constellation appelée la Croix du Sud de l'autre. Lorsque la Terre tourne, l'étoile Polaire et la Croix du Sud ne bougent donc pas et peuvent servir à indiquer le sud et le nord.

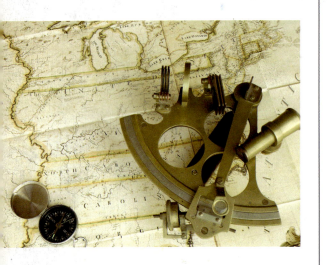

Naviguer aux étoiles
Les étoiles visibles changent en fonction du temps et de l'endroit : avec une montre et une carte du ciel, on peut calculer sa position en regardant les étoiles. C'est très utile pendant les voyages en mer, où le paysage ne permet pas de se repérer.

Les étoiles de saison
Les étoiles proches de l'étoile Polaire sont visibles toute l'année dans l'hémisphère nord. D'autres étoiles ne sont visibles qu'une partie de l'année, car la Terre n'est pas tournée vers le même endroit du ciel.

OBSERVER L'ESPACE | 17

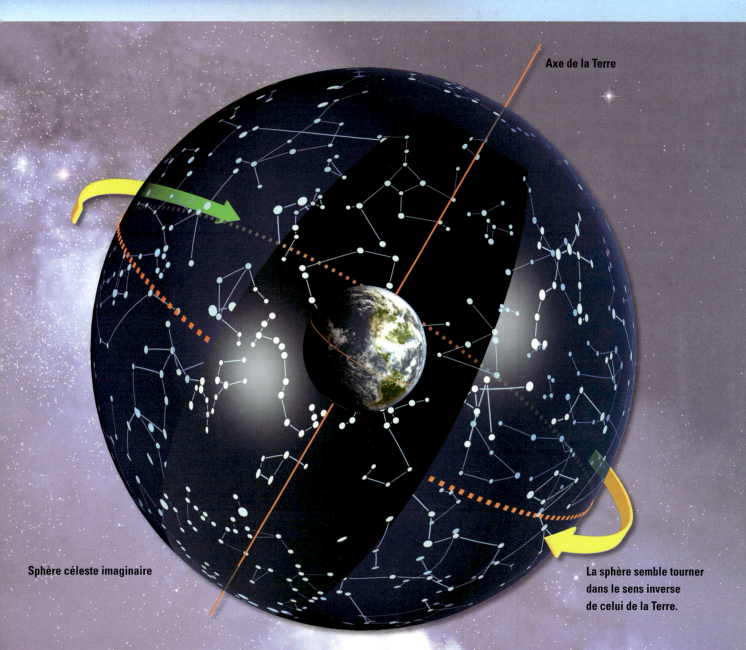

Axe de la Terre

Sphère céleste imaginaire

La sphère semble tourner dans le sens inverse de celui de la Terre.

La sphère céleste

Bien que les étoiles soient situées à des distances différentes de la Terre et qu'elles ne tournent pas autour de celle-ci, nous avons l'impression qu'elles se trouvent à l'intérieur d'une sphère dont la Terre serait le centre. Cette sphère imaginaire semble tourner d'est en ouest en entraînant les étoiles avec elle.

L'ASTRONOME

Tycho Brahé (1546-1601)

Tycho Brahé était un astronome danois. Jusqu'à la fin du XVIe siècle, ses observations des étoiles et des planètes étaient les meilleures jamais réalisées. Tycho Brahé a étudié le ciel pendant très longtemps et a observé des centaines d'étoiles. Son collègue Johannes Kepler a utilisé ses observations pour formuler les lois décrivant les mouvements des planètes.

Les constellations

Les hommes ont relié les étoiles les plus brillantes afin de dessiner des formes appelées constellations, qui représentent des personnages, des animaux ou des objets.

Les constellations dans l'espa[ce]

Toutes les étoiles d'une constellation semblent proches les unes des autres. Mais certaines sont beaucoup plus éloignées de nous que d'autres. Elles semblent proches uniquement parce qu'elles sont dans la même directio[n] quand on les regarde de la Terre.

Aujourd'hui, les constellations englobent toutes les étoiles situées autour des silhouettes les plus visibles : chaque portion du ciel nocturne fait donc partie d'une des 88 constellations.

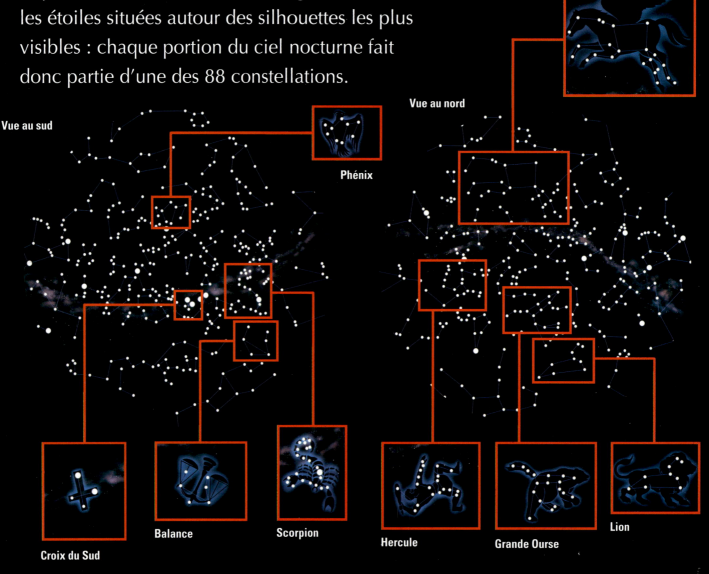

Vue au sud — Phénix
Vue au nord — Pégase
Croix du Sud — Balance — Scorpion — Hercule — Grande Ourse — Lion

OBSERVER L'ESPACE | 19

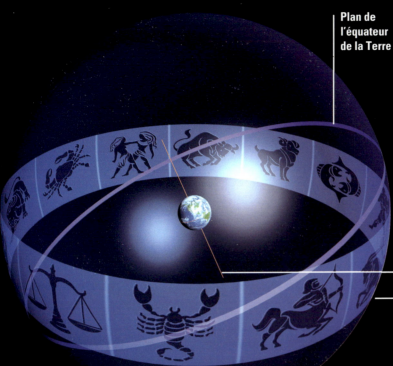

Plan de l'équateur de la Terre

Axe de la Terre

Sphère céleste

L'écliptique

Le ciel étoilé change au fur et à mesure que la Terre tourne autour du Soleil. D'année en année, nous avons l'impression que le Soleil se déplace progressivement dans la sphère céleste. Le chemin suivi par le Soleil est appelé l'écliptique et il passe à travers toutes les constellations du zodiaque.

Les douze signes du zodiaque sont :
1. Capricorne
2. Verseau
3. Poissons
4. Bélier
5. Taureau
6. Gémeaux
7. Cancer
8. Lion
9. Vierge
10. Balance
11. Scorpion
12. Sagittaire

Au cours de la Renaissance, une époque de grands développements scientifiques entre 1400 et 1600 environ, de nombreux artistes ont créé des cartes du ciel nocturne montrant certains signes du zodiaque.

Le zodiaque

Les constellations sont toujours présentes dans le ciel et le Soleil passe devant douze d'entre elles au cours de l'année. Ces douze constellations, appelées les signes du zodiaque, ont été utilisées pendant des siècles pour prédire l'avenir. Beaucoup de signes du zodiaque sont des animaux ; le mot grec « zodiaque » signifiant d'ailleurs « cercle d'animaux ».

MYTHOLOGIE

MYTHES ET LÉGENDES D'ORION

De nombreuses cultures entretiennent des légendes sur la constellation d'Orion. Dans la Grèce antique, Orion était un chasseur mythique que le dieu Zeus avait placé dans les cieux. En Afrique, les Khoisan voient dans les trois étoiles d'Orion trois zèbres. Au Japon, on dit que ces étoiles forment un tambour traditionnel, le *tsuzumi*.

Les éclipses

Une éclipse se produit lorsqu'une planète ou une lune bloque la lumière provenant d'une étoile.

Beaucoup de civilisations antiques considéraient les éclipses comme le signe annonciateur d'événements terribles. Nous savons aujourd'hui qu'elles possèdent une explication simple : les éclipses de Soleil se produisent lorsque l'ombre de la Lune recouvre la Terre, tandis que les éclipses de Lune se produisent lorsque l'ombre de la Terre passe sur la Lune.

UTILITÉ DES ÉCLIPSES

Durant une éclipse de Soleil, l'atmosphère extérieure du Soleil, la couronne, devient visible et peut ainsi être étudiée. En temps normal, la lumière du Soleil empêche de la distinguer. De plus, on peut dater avec précision un document historique citant une éclipse, car les astronomes connaissent la date de toutes les éclipses de l'histoire.

Les éclipses : privilège de la Terre

La Terre est la seule planète sur laquelle on peut assister à une éclipse totale de Soleil. En effet, la Lune, qui est environ 400 fois plus petite que le Soleil, est environ 400 fois plus proche de nous que ce dernier. Le Soleil et la Lune ont donc pratiquement la même taille dans le ciel et cette dernière peut le couvrir entièrement pendant l'éclipse.

OBSERVER L'ESPACE | 21

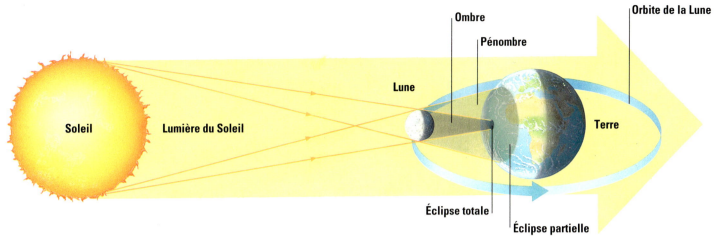

Éclipses de Soleil

Les observateurs situés dans l'« ombre » de la Lune peuvent admirer une éclipse totale, car le Soleil est entièrement couvert par la Lune, tandis que ceux situés dans la « pénombre » ne voient disparaître qu'une partie du Soleil : c'est une éclipse partielle.

Autres éclipses

Les éclipses totales de Soleil n'ont lieu que sur Terre, mais on peut voir des éclipses partielles sur d'autres planètes. Voici une éclipse de Soleil provoquée par Phobos, l'une des lunes de Mars, sur une photo prise par l'astromobile *Opportunity*.

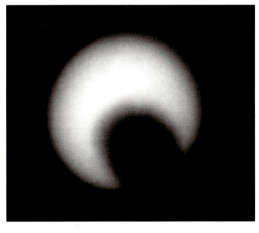

Éclipses de Lune

Les éclipses lunaires sont plus fréquentes que les éclipses solaires. Pendant une éclipse, la Lune prend une coloration rouge : en effet, bien que l'ombre de la Terre masque la lumière directe du Soleil, une partie de la lumière rouge du Soleil est envoyée vers la Lune par notre atmosphère. Comme dans le cas du Soleil, les éclipses de Lune peuvent être totales ou partielles.

Le pouvoir de l'éclipse

Selon la légende, Christophe Colomb aurait eu la vie sauve parce qu'il savait qu'une éclipse lunaire allait se produire en 1504. Lorsque les habitants d'une île jamaïcaine refusèrent de fournir des vivres à son équipage, il affirma contrôler la Lune et menaça de la retirer du ciel. Les habitants refusèrent et la Lune commença à disparaître. Elle réapparut quand Christophe Colomb l'ordonna, une fois que les habitants inquiets eurent fourni les vivres.

RADIATIONS DE L'ESPACE

La lumière est l'un des nombreux types de radiations que le Soleil, les étoiles et d'autres objets envoient dans l'espace. Bien que nous ne puissions pas voir les autres radiations, certains instruments peuvent les détecter et en réaliser des cartes et des photos.

L'UTILISATION DES RADIATIONS

Nous utilisons plusieurs types de radiations. L'illustration ci-contre en présente plusieurs.

- Les ondes radio dites longues servent aux émissions radio.
- Les ondes radios courtes servent aux émissions télévisées.
- Les ondes radios très courtes servent aux systèmes radars.
- Les ondes radio les plus courtes, les micro-ondes, sont utilisées pour cuire les aliments.
- Les rayons infrarouges sont utilisés dans les capteurs et les télécommandes.
- Les rayons de la lumière visible nous éclairent.
- Les cabines de bronzage utilisent les rayons ultraviolets.
- Les rayons X nous permettent de voir l'intérieur du corps.
- Les rayons gamma permettent de voir à l'intérieur d'objets en métal, comme un moteur d'avion.

LES DIFFÉRENTES RADIATIONS

Une radiation est une émission d'ondes ou de particules dans l'espace. Toutes les radiations se propagent comme s'il s'agissait de vagues, mais elles se différencient les unes des autres par la longueur des vagues. Les ondes radio sont les plus longues. Elles sont suivies par les infrarouges, la lumière visible, les ultraviolets, les rayons X et les rayons gamma. Plus la longueur d'onde est courte, plus la radiation est puissante.

Télévision

Radio

LE SPECTRE VISIBLE

La lumière blanche se compose de plusieurs couleurs que nous pouvons voir, par exemple, dans un arc-en-ciel : ses couleurs s'ordonnent selon leur longueur d'onde, depuis la lumière rouge à longueur d'onde longue jusqu'à la lumière violette à longueur d'onde courte.

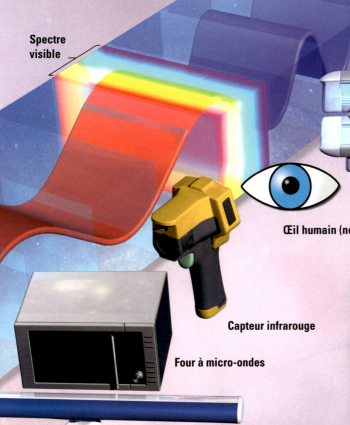

Spectre visible

Image d'un moteur d'avion aux rayons gamma

Image d'une main aux rayons X

Cabine à ultraviolets

Œil humain (ne perçoit que la lumière visible)

Capteur infrarouge

Four à micro-ondes

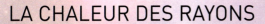

Antenne radar

LA CHALEUR DES RAYONS

Un prisme est un morceau de verre qui divise la lumière en un spectre de couleurs. L'astronome William Herschel (1738-1822) utilisa un prisme pour obtenir le spectre de la lumière solaire. En plaçant un thermomètre près de l'extrémité rouge, celui-ci indiqua la présence de chaleur : Herschel avait découvert la radiation infrarouge invisible.

LES RAIES SPECTRALES

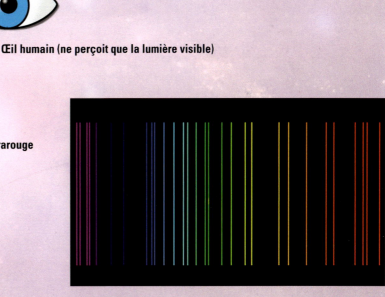

Lorsque la lumière d'un objet dans l'espace est divisée, elle ne provoque pas toujours une large bande de couleur comme l'arc-en-ciel, mais des lignes colorées appelées raies spectrales. Elles permettent de connaître la composition de l'objet, sa température, sa vitesse et même l'intensité de son champ magnétique.

Les télescopes optiques

Les objets que les astronomes étudient sont souvent trop sombres pour être vus à l'œil nu. Grâce aux télescopes optiques, ces objets ont l'air plus proches et plus lumineux.

Pour capturer le plus de lumière possible, les télescopes utilisent d'énormes miroirs ou des lentilles. Ces verres sont produits avec soin, de manière à être parfaitement lisses et à avoir exactement la bonne forme.

Qu'est-ce qu'un télescope ?

Un télescope permet de voir des objets lointains. Un bon télescope optique a besoin d'une lentille ou d'un miroir ainsi que d'un instrument capable de capturer l'image de l'objet ou d'en étudier les caractéristiques. Des moteurs électriques sont utilisés pour déplacer le télescope et le pointer dans la bonne direction, puis pour le faire tourner de manière à ce qu'il reste dirigé vers les mêmes étoiles au fur et à mesure que la voûte céleste se déplace.

PREMIERS TÉLESCOPES

1609
Galilée construit le premier télescope astronomique.

1688
Isaac Newton construit le premier télescope réflecteur.

1845
William Parsons (Lord Rosse) construit le plus grand télescope du monde pendant plus de 50 ans (1,83 m de diamètre).

Le télescope de Herschel

L'astronome William Herschel construisit plus de 400 télescopes. Celui représenté ci-dessous possédait un miroir d'un diamètre de 1,26 mètre. Dès sa première utilisation, il permit à Herschel de découvrir une nouvelle lune de Saturne.

Caroline, la sœur de William Herschel, l'aidait à observer les étoiles et les planètes.

À droite : On utilise un laser afin d'obtenir une cible haut dans le ciel pour les télescopes.

Les télescopes réfracteurs

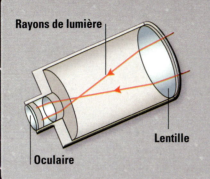

Les télescopes réfracteurs utilisent des lentilles pour concentrer la lumière. Ils sont plus solides que les réflecteurs (voir ci-dessous), mais les lentilles pèsent très lourd : si elles mesurent plus d'un mètre de diamètre, elles s'effondrent sous leur propre poids.

Le télescope géant

Le télescope Hale de l'Observatoire Palomar, aux États-Unis, est un télescope réflecteur (voir ci-dessous). Il possède un miroir d'un diamètre de 5,1 mètres. Construit en 1948, il fut pendant 28 ans le plus grand télescope du monde. Il est toujours utilisé actuellement.

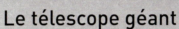

La monture en forme de fer à cheval permet au télescope de viser n'importe quelle partie du ciel.

Les télescopes réflecteurs

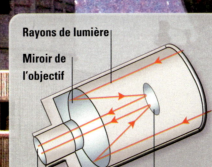

Les plus grands télescopes du monde sont des réflecteurs. Ils utilisent un miroir courbe pour capturer la lumière, puis un miroir secondaire envoie la lumière vers une lentille plus petite appelée oculaire, qui concentre la lumière sur l'œil ou l'instrument d'enregistrement.

Les radiotélescopes

Les ondes radio n'ont été découvertes qu'en 1887 et les débuts de la radioastronomie datent de 1932.

Les ondes radios étant très longues, de très grands instruments sont nécessaires pour les détecter. L'antenne parabolique d'un radiotélescope est plus grande que la lentille ou le miroir principal d'un télescope optique.

Comment fonctionnent les radiotélescopes ?

La parabole d'un radiotélescope est conçue de manière à concentrer les ondes radio vers un point situé au-dessus du centre du disque, l'antenne. Un réflecteur secondaire capte alors les ondes radio et les envoie vers le détecteur afin qu'elles soient amplifiées.

Antenne parabolique

Les ondes radios rebondissent sur la parabole vers le réflecteur secondaire.

L'inclinaison de la parabole peut être modifiée.

Antenne

La parabole tourne sur elle-même.

Les réseaux

Il est souvent plus facile d'utiliser plusieurs radiotélescopes pointés vers le même objet et dont on réunit les résultats. On appelle ces groupes d'antennes des réseaux.

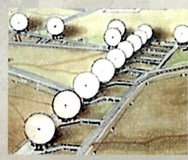

OBSERVER L'ESPACE | 27

Relier les télescopes
Lorsque des radiotélescopes en réseau sont tournés vers le même objet du ciel pendant plusieurs heures, ils fourniront tous des images en provenance d'endroits différents, étant donné que la Terre tourne et les entraîne avec elle. Les images sont combinées par un ordinateur qui recrée une image plus complète.

L'ionosphère, un filtre radio
La plupart des ondes radio (ici en bleu) se déplacent dans l'atmosphère comme des rayons lumineux (ici multicolores). Les seules ondes radio à ne pas nous parvenir sont très courtes ou font plus de 100 m de longueur (en violet), car une couche de l'atmosphère, l'ionosphère, arrête ces ondes. L'ionosphère est utilisée pour faire rebondir nos messages radio d'un endroit à l'autre de la Terre.

Astronome par hasard
En 1931, Karl Jansky (1905-1950) devint le premier radioastronome lorsqu'il détecta des ondes radio en provenance de la Voie lactée (voir p. 88). Il cherchait des sources de bruits appelés parasites, qui interféraient avec les émissions radio. Son appareil radio, orienté vers différentes directions, lui permit de localiser la source des ondes radios.

AU CINÉMA

ENVOI DE SIGNAUX DANS L'ESPACE
Les paraboles des radiotélescopes peuvent être utilisées pour envoyer des signaux dans l'espace. Dans le film *Rencontres du troisième type* (1977), l'armée américaine envoie des signaux afin de contacter un objet volant non identifié (OVNI) ayant atterri sur Terre et enlevé des personnes avant de repartir.

Les observatoires terrestres

Les observatoires sont des sites pour l'observation du ciel nocturne. Les premiers ont été bâtis il y a des milliers d'années. Après l'invention du télescope au XVIIe siècle, de nouveaux observatoires furent construits en Europe puis en Amérique.

À partir de la fin du XVIIe siècle, des observatoires plus grands et plus performants ont été construits. Les observations réalisées ont permis d'étudier l'Univers et de mesurer le temps avec précision.

À l'intérieur d'un observatoire

La plupart des observatoires au sol contiennent des télescopes optiques et infrarouges. Ils sont situés dans des parties du monde où l'air est le plus clair et le moins nuageux possible et loin des lumières des villes afin de voir les étoiles clairement. Ils sont souvent construits au sommet de hautes montagnes, là où l'air est plus pur et moins pollué. Les télescopes et autres équipements fragiles sont protégés par des dômes pouvant s'ouvrir de manière à ce que le télescope observe le ciel.

LES OBSERVATOIRES

L'Observatoire international de Mount Graham, Arizona (États-Unis), est équipé d'un télescope optique parmi les plus puissants du monde.

Le Laser Interferometer Gravitational-Wave Observatory (LIGO), Louisiane (États-Unis) : l'observatoire à ondes gravitationnelles expérimental le plus performant du monde.

Le Super-Kamiokande, Mont Kamioka, Japon : l'un des observatoires de neutrinos les plus performants du monde.

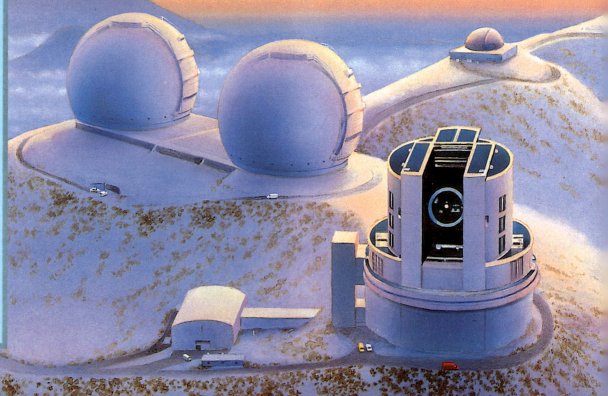

Ci-dessous : **Plusieurs observatoires se partagent les hauteurs de Mauna Kea, à Hawaii, dont le Keck.**

OBSERVER L'ESPACE | 29

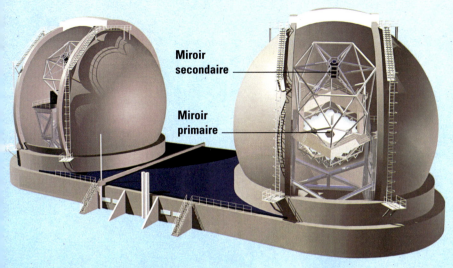

Miroir secondaire
Miroir primaire

L'observatoire de Keck

L'observatoire de Keck est construit sur un volcan éteint à Hawaii. Ses télescopes jumeaux possèdent un miroir de 10 m de diamètre, composé de 36 miroirs plus petits. Grâce à la technique de l'interférométrie, les deux télescopes réalisent ensemble de meilleures observations que s'ils étaient utilisés séparément.

Ondes gravitationnelles

Les objets en mouvement provoquent des oscillations dans le temps et l'espace qui s'étendent comme des vagues. Appelées ondes gravitationnelles, on ne sait pas les détecter. La mission de l'Observatoire gravitationnel européen, près de Pise en Italie, est de détecter ces ondes en provenance de trous noirs en mouvement rapide et du Big Bang *(voir p. 94)*.

Les télescopes à neutrinos

Les neutrinos sont de petites particules très nombreuses de l'espace. Presque impossibles à détecter, ils peuvent traverser presque n'importe quelle matière. Des télescopes à neutrinos ont été construits au fond d'anciennes mines, où seuls les neutrinos peuvent pénétrer. Parfois, un neutrino modifie légèrement le liquide qui entoure le télescope, déclenchant alors des détecteurs très sensibles.

OBSERVATOIRES SPATIAUX

Placer un observatoire en orbite est une entreprise difficile. Cependant, c'est le seul moyen d'étudier certains types de radiations qui ne peuvent pas traverser l'atmosphère terrestre.

OÙ COMMENCE L'ESPACE ?

On dit souvent que l'espace commence à 100 km au-dessus du sol, mais en réalité, l'air commence à se raréfier au fur et à mesure que l'on gagne de la hauteur. Plus l'air est rare, plus on peut observer de radiations : des ballons, des avions et la navette spatiale ont tous été utilisés comme observatoires temporaires. Un satellite d'observation doit cependant atteindre les 300 km de hauteur pour rester en orbite, afin que l'air soit suffisamment rare pour ne pas le ralentir et qu'il ne retombe pas sur Terre.

Satellite

Navette spatiale

Aurore

Météores

Ballon-sonde

Avion de ligne

Les étages de l'atmosphère

La navette *Endeavour* s'approche du télescope *Hubble* afin d'y effectuer des réparations.

LES EFFETS ATMOSPHÉRIQUES

L'atmosphère pose de nombreux problèmes aux observatoires terrestres. La présence de nuages rend la moindre observation impossible. Même si le ciel est dégagé, l'air est en mouvement, ce qui limite les observations et donne l'impression que les étoiles scintillent. De plus, l'atmosphère bloque de nombreux types de radiations : la plupart des rayons infrarouges et ultraviolets et pratiquement tous les rayons X et gamma.

OBSERVER L'ESPACE | 31

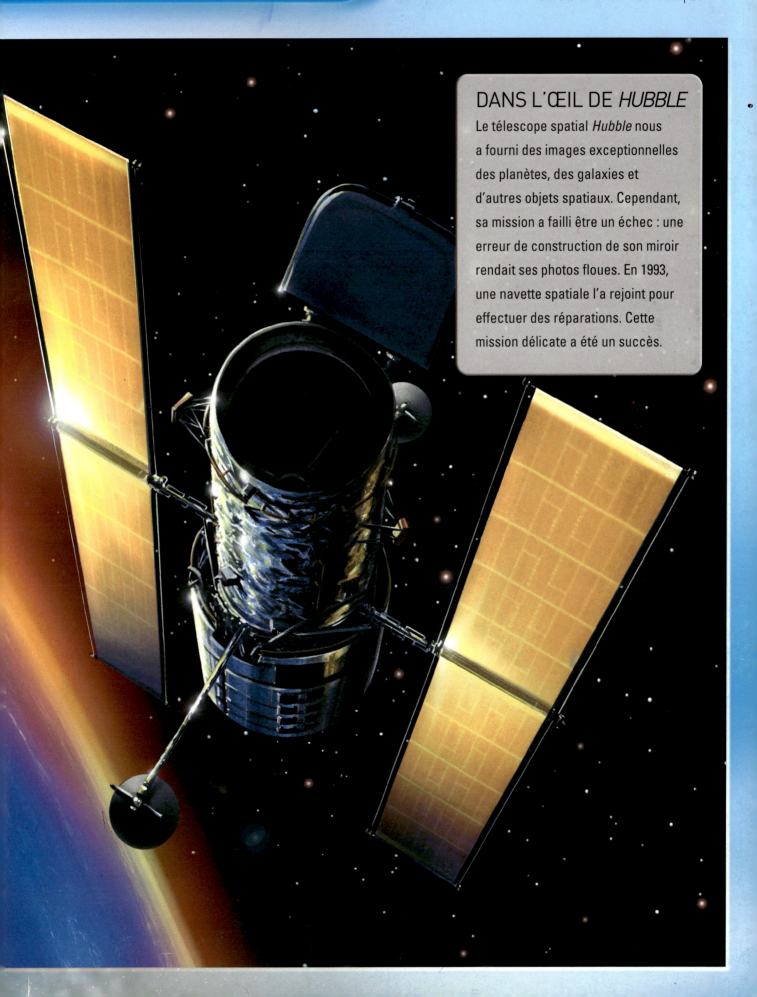

DANS L'ŒIL DE *HUBBLE*

Le télescope spatial *Hubble* nous a fourni des images exceptionnelles des planètes, des galaxies et d'autres objets spatiaux. Cependant, sa mission a failli être un échec : une erreur de construction de son miroir rendait ses photos floues. En 1993, une navette spatiale l'a rejoint pour effectuer des réparations. Cette mission délicate a été un succès.

Grands astronomes

Il existe deux types d'astronomes : les observateurs regardent les étoiles et prennent des mesures, tandis que les théoriciens développent des théories mathématiques pour expliquer le fonctionnement de l'Univers et de ses éléments.

Galileo Galilei (1564-1642)

Galileo Galilei, dit Galilée, est un savant italien qui réalisa, en 1609, le premier télescope permettant d'étudier le ciel de nuit. Il observa l'aspect de la surface de la Lune. Il découvrit aussi quatre lunes en orbite autour de la planète Jupiter. En 1610, il constata que la Voie lactée était composée d'étoiles. Galilée était aussi un théoricien : il décrivit les taches solaires et les comètes, et tenta de prouver que la Terre tournait autour du Soleil. Toutes ses conclusions n'étaient pas justifiées, mais il fut le fondateur de la science moderne de l'astronomie.

Isaac Newton (1643-1727)

Newton inventa le télescope réflecteur, l'instrument astronomique le plus utile pendant des siècles. Pour la première fois, ses théories expliquaient avec justesse les mouvements de la Lune, des planètes et des comètes. Newton prouva que la Terre tournait autour du Soleil à cause de la force de gravité et il calcula comment la gravité changeait selon les masses des objets étudiés et la distance entre eux. Il montra également comment utiliser ces lois de la gravité et du mouvement pour comprendre le mouvement des planètes et des comètes.

Edwin Hubble (1889-1953)

Hubble et ses collègues firent deux des plus importantes découvertes scientifiques du XXe siècle. La première était que l'énorme groupe d'étoiles dont notre Soleil fait partie, appelé la Voie lactée, n'est qu'une galaxie parmi de nombreuses autres semblables. Cela montrait que l'Univers était bien plus grand qu'on ne le croyait. La deuxième découverte était que l'ensemble de l'Univers est en expansion : alors que l'on pensait que l'Univers avait toujours existé, cela suggérait qu'il est apparu il y a longtemps et continue de grandir.

Galileo Galilei – observateur et théoricien

Isaac Newton – théoricien

Edwin Hubble – observateur et théoricien

SITES INTERNET SUR L'ESPACE ET LE TEMPS

www.obspm.fr   Site officiel de l'Observatoire de Paris : toute l'actualité sur l'astronomie.

www.astropolis.fr   Articles sur l'astronomie, catalogue des objets célestes, dictionnaire astronomique.

www.etoile-des-enfants   Cartes du ciel et toutes les constellations.

www.astrodecouverte.org   Site d'une association : initiation à l'astronomie et à l'observation du ciel.

www.stelvision.com   Cartes du ciel jour par jour et simulateur de télescope.

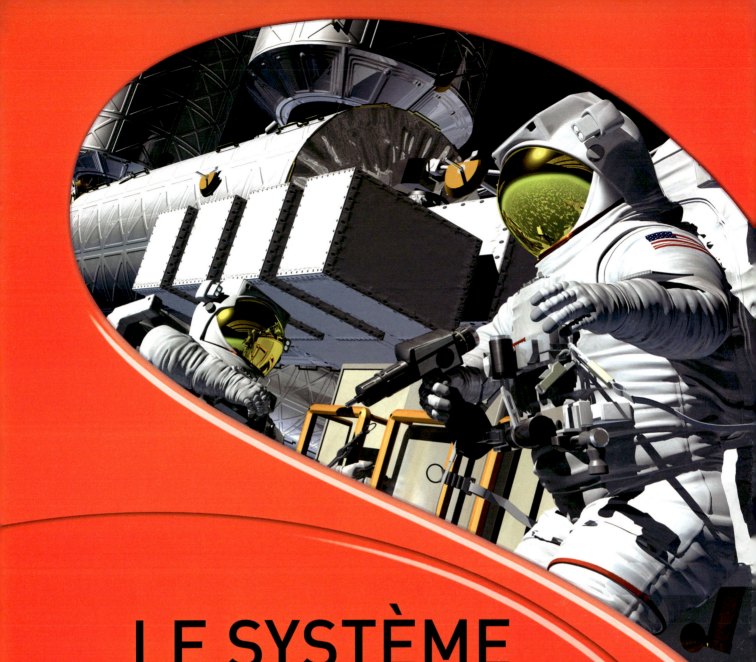

LE SYSTÈME SOLAIRE

La Terre, la Lune et le Soleil font partie du Système solaire, comme les sept autres planètes, leurs nombreuses lunes, des comètes, des astéroïdes et des météorites. Les planètes occupent le centre du Système solaire, encerclées par un gigantesque disque, ainsi que par un vaste nuage, composés de particules de roche, de métal et de glace.

Le Soleil et ses planètes

Le Soleil est le cœur de notre Système solaire. Sa masse est plus grande que toutes ses planètes réunies. Chaque élément du Système solaire tourne autour du Soleil ou autour d'un autre objet céleste.

Il existe deux types de planètes dans le Système solaire. Les quatre planètes internes, proches du Soleil – Mercure, Vénus, la Terre et Mars –, sont dites telluriques, ou rocheuses. Les quatre suivantes, externes – Jupiter, Saturne, Uranus et Neptune –, sont des géantes gazeuses et possèdent des anneaux, une atmosphère épaisse et nuageuse, ainsi que de nombreuses lunes.

Découvrir le Système solaire

Outre le Soleil et la Lune, seules cinq planètes sont visibles à l'œil nu dans le ciel. Ainsi, avant l'invention des télescopes au XVIIe siècle, le reste du Système solaire nous était invisible et donc inconnu. Depuis, deux nouvelles planètes ainsi que de nombreuses lunes et comètes ont été découvertes. Plusieurs d'entre elles ont déjà été explorées par des sondes.

La gravité

La gravité – ou pesanteur – est la force qui nous retient au sol et fait tourner les planètes autour du Soleil. Mais seuls les éléments les plus grands, comme les lunes et les planètes, ont une masse suffisante pour que cette force d'attraction se ressente.

LE SYSTÈME SOLAIRE | 35

LES PLANÈTES
1. Mercure
2. Vénus
3. Terre
4. Mars
5. Jupiter
6. Saturne
7. Uranus
8. Neptune

Les orbites et les années

La gravité solaire agit plus fortement sur les planètes les plus proches du Soleil : ces planètes doivent donc orbiter (tourner) rapidement autour du Soleil pour ne pas s'en rapprocher. Le temps que met une planète à compléter un tour s'appelle une année. Comme les planètes internes voyagent rapidement et que leur orbite est plus petite, leurs années sont plus courtes.

NAISSANCE DU SYSTÈME SOLAIRE

Le Système solaire a commencé à se former il y a environ 4,5 milliards d'années à partir d'un nuage spatial géant. Ce nuage a été perturbé par une supernova (voir p. 75) et s'est en partie effondré. Le Soleil et ses planètes sont alors apparus dans cette zone.

EFFONDREMENT DU NUAGE

En s'effondrant, le nuage est devenu de plus en plus dense. Puis il s'est mis à tourner en formant un disque spatial. Au milieu de ce disque, la matière est devenue très compacte, donnant naissance à un proto-Soleil.

LE SYSTÈME SOLAIRE | 37

LE JEUNE SOLEIL
Les particules au centre du disque, en se percutant constamment, ont fait augmenter la température. Elles sont devenues si brûlantes que le cœur du disque a commencé à émettre de la lumière et de la chaleur. C'est alors qu'est née une étoile, que nous appelons Soleil.

NOUVEAUX MONDES
La température de l'étoile a provoqué des réactions nucléaires *(voir p. 68-69)*. La matière contenue dans le disque en rotation a continué à s'agréger en raison de la gravité, formant des anneaux qui sont ensuite devenus des planètes. On suppose qu'il pouvait y en avoir jusqu'à 30.

DESTRUCTION
Plusieurs de ces planètes sont entrées en collision, créant de nouvelles planètes plus grandes, tandis que d'autres ont été détruites. Aujourd'hui, il ne reste plus que les huit planètes que nous connaissons. Certaines ont capturé de plus petits objets qui se sont mis à tourner en orbite : ce sont les lunes.

Mercure

Mercure est la plus petite planète et la plus proche du Soleil. Son atmosphère très mince ne retient pas la chaleur. Lorsque le soleil se couche sur Mercure, les nuits y sont glaciales.

Mercure est si proche du Soleil que celui-ci y est six fois plus lumineux que sur Terre. En revanche, comme l'atmosphère y est très fine, le ciel est complètement noir.

À gauche : Mercure est couverte de cratères dus à des corps célestes.

Mariner 10

Panneaux solaires pour transformer la lumière du Soleil en électricité

CARACTÉRISTIQUES

Découvreur
Inconnu

Date de découverte
Préhistoire

Distance moyenne du Soleil
58 millions de km

Durée d'une année
87,97 jours terrestres

Durée d'une journée
58,65 jours terrestres

Rayon équatorial
2 440 km
(38 % de la Terre)

Sondée en
1974 par *Mariner 10*

Gravité comparée à la Terre
38 %

Principaux gaz atmosphériques
Oxygène (42 %)
Sodium (29 %)
Hydrogène (22 %)
Hélium (6 %)
Potassium (1 %)

Nombre de lunes
0

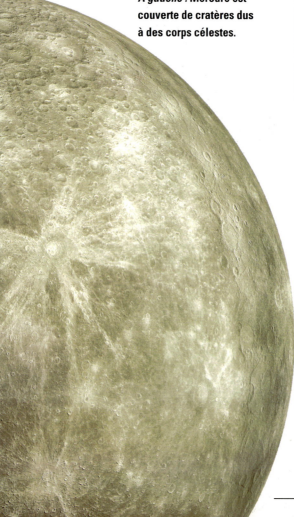

Vue d'ensemble

Mercure tourne très lentement : elle a des journées et des nuits très longues. Son année est au contraire très courte : moins de deux jours mercuriens. Il y fait si chaud que certains métaux, comme l'étain ou le plomb, fondraient. Son champ magnétique agit comme une gigantesque barre aimantée avec un pôle Nord et un pôle Sud. L'une des questions à laquelle devra répondre la sonde *Messenger* est pourquoi les propriétés magnétiques des planètes internes varient avec le temps.

LE SYSTÈME SOLAIRE | 39

Exploration

Deux sondes ont voyagé vers Mercure. *Mariner 10* est passée devant la planète à trois reprises entre 1974 et 1975. La sonde a réalisé des clichés de la moitié de la surface. La seconde sonde, *Messenger*, a été lancée en août 2004 et reste très active aujourd'hui encore. Son nom indique le type de mission qu'elle doit accomplir : *MErcury Surface, Space ENvironment, GEochemistry and Ranging* (surface de Mercure, environnement spatial, géochimie et observation rapprochée). Elle a déjà tourné plusieurs centaines de fois autour de Mercure et envoyé sur Terre des relevés et des clichés.

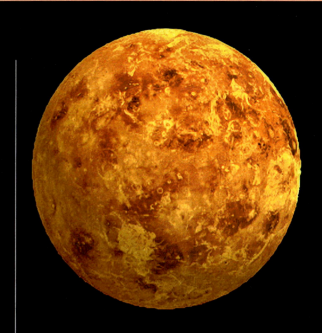

Bras avec instruments de mesure des champs magnétiques

À droite : la sonde Messenger survole Mercure.

Un monde étrange

Mariner 10 a découvert un vaste cratère sur Mercure, baptisé bassin Caloris. Il y a des milliards d'années, un énorme objet s'est écrasé sur la planète. L'impact fut si violent que des ondes de choc ont traversé toute la planète. À l'opposé de ce cratère, là où les ondes de choc se sont rencontrées, se trouve aujourd'hui un étrange paysage accidenté.

MYTHOLOGIE

DES DIEUX ET DES PLANÈTES
Toutes les planètes du Système solaire sont nommées d'après des dieux de la mythologie romaine ou grecque. Mercure était le messager des dieux et se déplaçait grâce aux ailes sur ses chaussures et son casque. C'est aussi lui qui apportait les rêves aux humains pendant leur sommeil.

Vénus

Vénus, la planète la plus proche de la Terre, est aussi proche du Soleil et recouverte de nuages. Elle apparaît souvent très brillante dans notre ciel.

La surface de Vénus est sombre et très chaude. Les nuages y déversent des pluies acides et des éclairs trouent le ciel jaune orangé.

Vue d'ensemble
Sur Vénus, les jours durent plus longtemps que les années. Le Soleil est toujours caché par une couche de nuages. La température est ainsi pratiquement la même jour et nuit, toute l'année et sur toute la planète.

Ci-dessous : le satellite *Magellan* a réalisé des cartes radar de Vénus.

Antennes radars

Exploration
Plusieurs satellites ont exploré Vénus, mais les sondes ne résistent pas longtemps à ses conditions atmosphériques. Certaines ont néanmoins renvoyé des photos et des informations sur Terre.

Reconstitution en trois dimensions du volcan Maat Mons à la surface de Vénus

CARACTÉRISTIQUES

Découvreur
Inconnu

Date de découverte
Préhistoire

Distance moyenne du Soleil
108 millions de km

Durée d'une année
224,70 jours terrestres

Durée d'une journée
243,02 jours terrestres

Rayon équatorial
6 052 km
(95 % de la Terre)

Sondée en
1962 par *Mariner 2*

Gravité comparée à la Terre
90 %

Principaux gaz atmosphériques
Dioxyde de carbone (96 %)
Azote (4 %)

Nombre de lunes
0

LE SYSTÈME SOLAIRE | 41

Volcans sur Vénus

Vénus compte des centaines de volcans, mais personne ne sait s'ils sont encore en activité. Certains volcans sont dits « arachnoïdes » en raison de leurs nombreuses crêtes qui évoquent des pattes d'araignée.

L'atmosphère de Vénus

Si Vénus n'est pas la plus proche du Soleil, c'est toutefois la planète la plus chaude. Cela s'explique par la composition de son atmosphère, dont les gaz retiennent la chaleur. C'est ce que l'on appelle l'effet de serre.

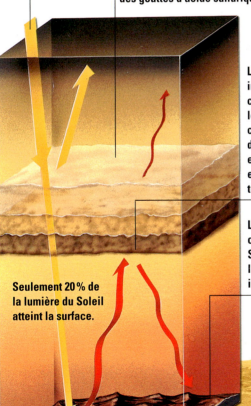

Environ 80 % de la lumière du Soleil est réfléchie.

Les trois couches nuageuses contiennent des gouttes d'acide sulfurique.

Les rayons infrarouges sont capturés par le dioxyde de carbone présent dans l'atmosphère et augmentent encore la température.

La surface chauffée par le Soleil brille sous l'effet des rayons infrarouges.

Seulement 20 % de la lumière du Soleil atteint la surface.

HISTOIRE

TRANSIT DE VÉNUS

Lorsque Vénus passe entre la Terre et le Soleil, elle est comme un point noir à la surface de celui-ci : c'est le transit de Vénus. Autrefois, des expéditions étaient envoyées dans des régions lointaines afin d'observer ce phénomène, qui permettait de mieux évaluer la distance entre la Terre et le Soleil.

La Terre

La Terre, notre maison, est la troisième planète en partant du Soleil. C'est la seule qui possède des océans à sa surface, et probablement la seule sur laquelle la vie existe.

CARACTÉRISTIQUES

Distance moyenne du Soleil
150 millions de km

Durée d'une année
365 ou 366 jours
(365,26 en moyenne)

Durée d'une journée
23,93 heures

Rayon équatorial
6 378 km

Masse
5,97 trillions de trillions de kg

Densité moyenne
5,515 kg par m^3

Force de pesanteur à la surface
9,81 m par seconde

Principaux gaz atmosphériques
Azote (78 %)
Oxygène (21 %)
Autres gaz (1 %)

Nombre de lunes
1

Pendant des milliers d'années, on croyait que la Terre était au centre de l'Univers. Ce n'est qu'au XVIe siècle que des savants ont prouvé que c'était une planète en orbite autour du Soleil.

Vue d'ensemble

La Terre est la planète la plus dense du Système solaire, c'est-à-dire qu'elle contient la plus grande masse par rapport à son volume. Elle possède la plus grande lune comparée à sa taille, ainsi qu'un champ magnétique puissant qui la protège des effets perturbateurs du vent solaire *(voir p. 71)*. Nous sommes également protégés par notre atmosphère, qui empêche les radiations les plus dangereuses d'atteindre la surface.

Ci-dessous : Depuis la Station spatiale internationale, la Terre apparaît comme une grosse boule bleue et blanche.

LE SYSTÈME SOLAIRE | 43

Vue de l'intérieur

La couche extérieure de la Terre, sur laquelle nous vivons, s'appelle la croûte. Elle recouvre toute la surface, y compris sous les océans. On trouve ensuite le manteau, une épaisse couche rocheuse qui renferme le noyau. Celui-ci est extrêmement chaud et se compose principalement de fer et de nickel.

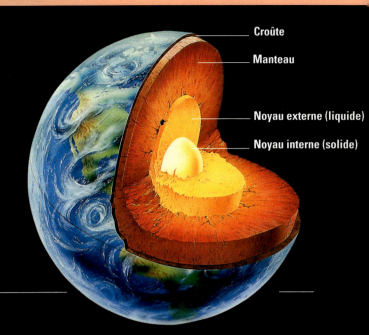

Croûte
Manteau
Noyau externe (liquide)
Noyau interne (solide)

La vie sur Terre

La vie est apparue sur Terre pour deux grandes raisons : la masse de notre planète est assez importante pour retenir une atmosphère épaisse, et la température y est idéale pour maintenir de l'eau sous forme liquide.

La Lune

La Lune est le corps astronomique le plus proche de nous. Comme sa position par rapport au Soleil change, la partie illuminée de la Lune change aussi, c'est pourquoi elle nous apparaît sous une forme changeante.

CARACTÉRISTIQUES

Distance moyenne de la Terre
384 000 km

Durée d'un tour autour de la Terre
27,32 jours

Durée de rotation
27,32 jours

Rayon équatorial
1 738 km
(27 % de la Terre)

Sondée en
1959 par *Luna 1*

Gravité comparée à la Terre
17 %

Principaux gaz atmosphériques
Aucun

La Lune est très petite et légère, c'est pourquoi sa force de gravitation est très faible. Cela signifie que, sur la Lune, les astronautes pèsent environ six fois moins que sur Terre.

Météo

La faible gravité lunaire implique qu'il ne peut y avoir aucune atmosphère. Il ne peut donc pas y avoir non plus de météo. C'est pourquoi les empreintes laissées par les astronautes en 1960 sont toujours présentes.

Naissance de la Lune

La Lune est vieille de 4,5 milliards d'années – presque autant que la Terre. Elle résulte de la collision entre la Terre et une petite planète qui fut détruite lors de l'impact. Les débris de cette planète sont restés en orbite autour de la Terre et ont formé la Lune. Depuis, la Lune s'éloigne lentement de la Terre, au même rythme que nos ongles poussent.

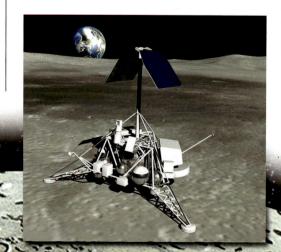

À gauche : Surveyor 3 a atterri sur la Lune en 1967.

LE SYSTÈME SOLAIRE | **45**

La face cachée
La Lune tourne sur elle-même au même rythme qu'elle tourne autour de la Terre, nous présentant donc toujours la même face. L'autre côté est différent de celui que nous voyons car aucune grande « mer » ne s'y trouve.

Paysage lunaire
Nous voyons de grandes taches sombres à la surface de la Lune. On les appelle des mers, mais ce sont en réalité de vastes étendues de lave froide et durcie. Les zones les plus claires sont les régions montagneuses. La Lune est également couverte de cratères, des dépressions de forme circulaire, causés par de nombreuses météorites qui s'y sont écrasées.

Les marées
La Lune attire les océans grâce à sa force de gravité. Associée à celle du Soleil, cette attraction provoque les marées. Celles-ci sont les plus fortes lorsque la Lune et le Soleil attirent les mers dans la même direction.

Mars

Par bien des aspects, Mars ressemble beaucoup à la Terre. La durée du jour est presque la même, la température est à peine inférieure et la météo est également similaire.

CARACTÉRISTIQUES

Découvreur
Inconnu

Date de découverte
Préhistoire

Distance moyenne du Soleil
228 millions de km

Durée d'une année
1,88 année terrestre

Durée d'une journée
24,6 heures

Rayon équatorial
3 396 km
(53 % de la Terre)

Sondée en
1965 par *Mariner 4*

Gravité comparée à la Terre
38 %

Principaux gaz atmosphériques
Dioxyde de carbone (95 %)
Azote (3 %)
Argon (2 %)

Nombre de lunes
2

La température à la surface de Mars évolue au rythme des saisons *(voir p.14)*, mais aussi parce que son orbite est ovale, ce qui signifie que sa distance avec le Soleil varie grandement.

Deimos

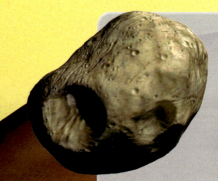
Phobos

En grec, *Phobos* signifie « peur » et *Deimos* « terreur ».

Vue d'ensemble

Mars est la quatrième et dernière planète tellurique du Soleil. Elle est couverte de déserts et de canyons. Son sol est rouge en raison du fer rouillé qu'il contient. Son atmosphère est très fine. Lorsque les températures sont les plus basses, près d'un tiers de l'atmosphère est glacée.

Les lunes de Mars

Mars possède deux petites lunes : Phobos et Deimos – deux des corps les plus sombres du Système solaire. Ce sont des astéroïdes *(voir p. 58)* prisonniers de son champ de gravité, qui ont toujours la même face tournée vers la planète.

LE SYSTÈME SOLAIRE | 47

Exploration

Mars est la planète que l'on connaît le mieux, puisqu'il est possible d'examiner sa surface grâce aux télescopes terrestres et que nous y avons envoyé plus de satellites que sur aucune autre. La photo ci-dessus a été prise par l'atterrisseur *Pathfinder* et montre le robot explorateur *Sojourner* derrière un gros rocher.

Les volcans de Mars

Mars abrite plusieurs volcans dont le plus grand de tout le Système solaire : Olympus Mons. Trois fois plus haut que le mont Everest, il couvre une surface équivalant à l'Irlande. Sa dernière éruption remonterait à 25 millions d'années.

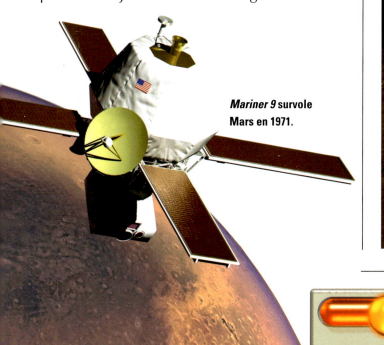

Mariner 9 survole Mars en 1971.

MÉDIAS

MARS ET LA TERRE EN GUERRE

En 1898, le romancier britannique H.G. Wells écrivit *La Guerre des Mondes*, qui raconte l'invasion de la Terre par des Martiens, qui seront finalement détruits par des germes atmosphériques. En 1938, aux États-Unis, une adaptation radiophonique provoqua la panique parmi la population.

LA VIE SUR MARS

Depuis le jour où les astronomes ont cru voir des canaux sur Mars à la fin du XIXᵉ siècle, l'homme y a cherché des traces de vie grâce aux télescopes, puis aux satellites et aux robots.

De l'eau a probablement coulé à la surface de Mars il y a très longtemps.

DE L'EAU SUR MARS ?

Les canaux n'étaient pas réels, mais on a observé des lits de rivières qui ont contenu de l'eau il y a très longtemps, lorsque l'atmosphère de la planète était plus épaisse. Ces traces d'eau laissent penser que la vie a pu y exister. Cette région de la planète *(à droite)* a été dessinée par l'eau il y a un million d'années environ. La photo a été prise par le satellite orbital *Reconnaissance*.

UN CRATÈRE GELÉ

En 2008, un bloc de glace a été repéré dans un cratère. On suppose que la paroi élevée du cratère a préservé l'eau gelée des rayons du Soleil.

Calotte glaciaire

Calotte glaciaire

À gauche : Les calottes polaires sont plus étendues lors des hivers martiens que pendant l'été.

LE SYSTÈME SOLAIRE | 49

ROBOTS D'EXPLORATION

Trois atterrisseurs et autant d'astromobiles ont touché le sol martien. Les deux premiers étaient des *Viking (ci-contre)*, qui ont repéré une étrange activité chimique dans le sol en 1977. L'astromobile *Sojourner* a étudié le sol et l'atmosphère de la planète en 1997. Les deux derniers robots, *Spirit (ci-dessous)* et *Opportunity*, sont arrivés en 2004. Ils ont prouvé que l'eau avait un jour existé à la surface de Mars. En 2008, l'atterrisseur *Phoenix* a trouvé de la glace.

Spirit dispose d'un bras robotisé et de quatre appareils photo. Il est alimenté à l'énergie solaire.

Jupiter

Jupiter, la cinquième planète et la première géante gazeuse, est la plus grosse et la plus massive. Elle possède une atmosphère froide, des anneaux et de nombreuses lunes.

CARACTÉRISTIQUES

Découvreur
Inconnu

Date de découverte
Préhistoire

Distance moyenne du Soleil
779 millions de km

Durée d'une année
11,86 années terrestres

Durée d'une journée
9,93 heures

Rayon équatorial
71 492 km
(11,2 fois la Terre)

Sondée en
1973 par *Pioneer 10*

Gravité comparée à la Terre
253 %

Principaux gaz atmosphériques
Hydrogène (90 %)
Hélium (10 %)

Nombre de lunes
63

De tous les satellites naturels de Jupiter, les quatre plus grands sont visibles depuis la Terre à l'aide d'un petit télescope. Ils ont été découverts par Galilée en 1609 et ont été nommés « lunes galiléennes » en son honneur.

Vue d'ensemble

Jupiter dispose d'un champ magnétique près de 20 000 fois plus fort que celui de la Terre. La planète est encerclée par de fins anneaux de poussières. Sous son épaisse atmosphère se trouve une couche d'hydrogène et d'hélium liquide, et en dessous une couche d'hydrogène se comportant comme du métal liquide.

La Grande Tache rouge

La Grande Tache rouge est une gigantesque tempête mesurant jusqu'à trois fois la taille de la Terre. Elle existe depuis au moins 300 ans. Depuis les années 1970, sa couleur est passée de l'orange au marron foncé.

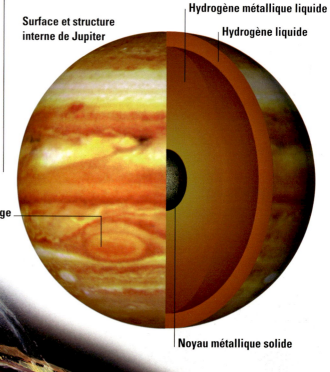

Surface et structure interne de Jupiter

Hydrogène métallique liquide
Hydrogène liquide
Grande Tache rouge
Noyau métallique solide

LE SYSTÈME SOLAIRE | 51

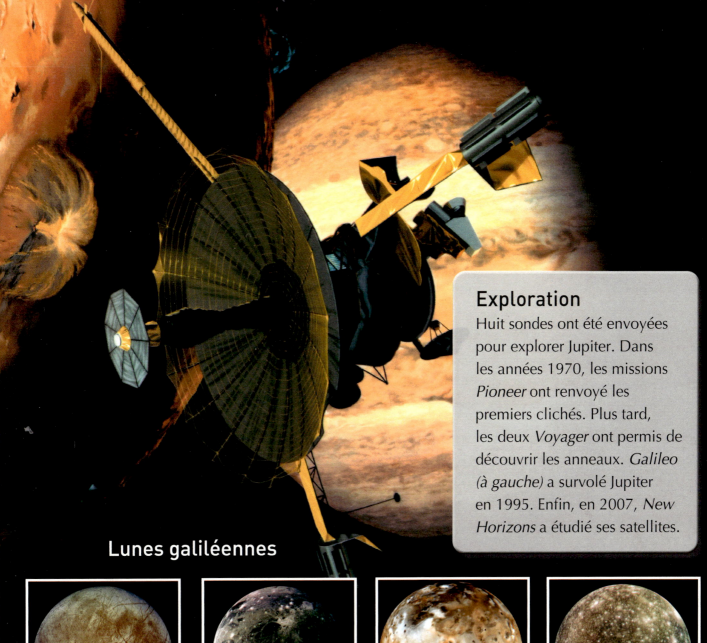

Exploration
Huit sondes ont été envoyées pour explorer Jupiter. Dans les années 1970, les missions *Pioneer* ont renvoyé les premiers clichés. Plus tard, les deux *Voyager* ont permis de découvrir les anneaux. *Galileo* (*à gauche*) a survolé Jupiter en 1995. Enfin, en 2007, *New Horizons* a étudié ses satellites.

Lunes galiléennes

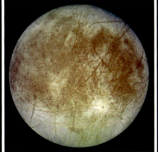   

Europe et Ganymède
La surface glacée d'Europe est marquée par des fissures géantes et renferme un océan liquide. Ganymède est composée de roche et de glace ; c'est la plus grande lune du Système solaire, plus grande encore que Mercure.

Io et Callisto
Les champs de gravité de Jupiter et d'Europe sont à l'origine de la forte chaleur sur Io, qui provoque d'incessantes éruptions volcaniques. Callisto ne compte aucun volcan, mais elle est couverte de cratères de météorites (*voir p. 60*).

Saturne

Saturne est une planète froide, couleur caramel, dix fois plus loin du Soleil que ne l'est la Terre. C'est la moins dense de toutes les planètes : s'il existait un océan suffisamment grand pour la contenir, Saturne flotterait à sa surface.

La planète tourne si vite autour de son axe qu'elle est aplatie aux pôles et bombée à l'équateur : elle ressemble plus à un grain de raisin qu'à un ballon.

Vue d'ensemble

Sur Saturne, les vents soufflent dix fois plus fort que pendant une tempête terrestre. L'atmosphère externe très brumeuse rend difficile de distinguer les nuages comme sur Jupiter. Tous les trente ans environ, des orages géants apparaissent sous la forme de taches blanches.

Exploration

Saturne a été explorée par *Pioneer 11* en 1979 et les *Voyager 1* et *2* en 1980 et 1981. La sonde *Cassini-Huygens* orbite autour de Saturne depuis 2004 et a envoyé l'atterrisseur *Huygens* à la surface de Titan.

CARACTÉRISTIQUES

Découvreur
Inconnu

Date de découverte
Préhistoire

Distance moyenne du Soleil
1 433 millions de km

Durée d'une année
29,46 années terrestres

Durée d'une journée
10,57 heures

Rayon équatorial
60 270 km
(9,45 fois la Terre)

Sondée en
1979 par *Pioneer 11*

Gravité comparée à la Terre
106 %

Principaux gaz atmosphériques
Hydrogène (96 %)
Hélium (3 %)
Autres gaz (1 %)

Nombre de lunes
au moins 62

Vue d'artiste de Titan et de ses bassins de méthane. Sur Terre, le méthane est utilisé comme combustible.

LE SYSTÈME SOLAIRE | 53

Les anneaux de Saturne

Ses sept anneaux se composent de particules de glace et de roche dont la taille varie de quelques centimètres à plusieurs mètres. Les anneaux sont larges de plusieurs centaines de kilomètres, mais ne sont épais que de quelques mètres selon les endroits. Ils proviennent peut-être d'une lune détruite il y a fort longtemps.

Les lunes de Saturne

La plupart de ses satellites naturels ont été découverts par les sondes spatiales. On suppose que les lunes externes ont été capturées par la force d'attraction de Saturne. Titan, le plus grand satellite de Saturne, est aussi le seul du Système solaire à posséder une atmosphère épaisse.

Uranus

Uranus ressemble à une balle bleu clair uniforme avec des nuages peu visibles. Sous son épaisse atmosphère se trouve une couche de gaz gelés entourant un noyau rocheux.

Les autres planètes disposent toutes d'un champ magnétique avec un pôle Nord et un pôle Sud très proches de l'axe de rotation. Mais Uranus est très différente : ses pôles magnétiques sont très éloignés de l'axe de rotation.

Vue d'ensemble

Uranus est environ deux fois plus loin du Soleil que Saturne, et 19 fois plus loin que la Terre. Elle reçoit donc très peu de lumière et de chaleur du Soleil : c'est une planète très froide. Toutes les géantes gazeuses émettent un peu de chaleur, mais Uranus bien moins que les autres. Par conséquent, sa météo est beaucoup plus calme que sur les autres géantes.

Exploration

Une seule sonde a exploré Uranus : *Voyager 2* en 1986. Il aura fallu neuf ans au départ de la Terre pour qu'elle s'en approche à 82 000 km. La sonde a étudié son atmosphère, ses lunes, ses anneaux et son étrange champ magnétique, avant de continuer son chemin vers Neptune.

CARACTÉRISTIQUES

Découverte
William Herschel

Date de découverte
13 mars 1781

Distance moyenne du Soleil
2 877 millions de km

Durée d'une année
84,32 années terrestres

Durée d'une journée
17,24 heures

Rayon équatorial
25 560 km
(4 fois la Terre)

Sondée en
1986 par *Voyager 2*

Gravité comparée à la Terre
89 %

Principaux gaz atmosphériques
Hydrogène (83 %)
Hélium (15 %)
Méthane (2 %)

Nombre de lunes
27

LE SYSTÈME SOLAIRE | 55

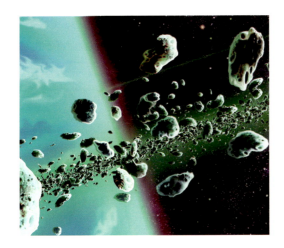

Les anneaux d'Uranus
Neuf anneaux ont été découverts en 1977, lorsqu'ils occultèrent la lumière d'une étoile en passant devant elle. Deux autres ont été trouvés par *Voyager 2* et les derniers par le télescope spatial *Hubble*.

Une forte inclinaison
En tournant autour du Soleil, l'axe d'Uranus pointe presque directement vers celui-ci. Les jours et les nuits peuvent alors parfois durer plus de quarante ans.

Les lunes d'Uranus
Dix satellites naturels ont été découverts par *Voyager 2*. Ils ont tous été nommés d'après des personnages des pièces de William Shakespeare ou des poèmes d'Alexander Pope. Miranda, la cinquième plus grande lune, a une surface étrange : il est possible qu'elle ait été détruite il y a des millions d'années avant d'être reconstituée par la gravité.

L'ASTRONOME

LA DÉCOUVERTE D'URANUS
À peine visible à l'œil nu, il aura fallu attendre 1781 pour qu'elle soit identifiée, lorsque William Herschel la découvrit à l'aide de son télescope. Sa première intention était de la nommer Georgium Sidus (l'étoile de George) en l'honneur du roi d'Angleterre George III, mais ce fut finalement le nom du dieu grec du Ciel, Ouranos, qui fut choisi. Uranus est la première planète découverte depuis l'Antiquité.

Neptune

Neptune est la planète la plus éloignée du Soleil. Le Soleil y apparaît comme une simple étoile brillante, et Neptune ne capte que très peu de chaleur.

La planète possède une atmosphère épaisse et très froide. Elle ressemble à celle d'Uranus et il est difficile de comprendre pourquoi leur couleur est si différente. Elle renferme une importante couche de glace et un petit noyau rocheux.

CARACTÉRISTIQUES

Découvreur
Johann Gottfried Galle

Date de découverte
23 septembre 1846

Distance moyenne du Soleil
4 503 millions de km

Durée d'une année
164,79 années terrestres

Durée d'une journée
16,11 heures

Rayon équatorial
24 760 km
(3,88 fois la Terre)

Sondée en
1989 par *Voyager 2*

Gravité comparée à la Terre
114 %

Principaux gaz atmosphériques
Hydrogène (80 %)
Hélium (19 %)
Méthane (1 %)

Nombre de lunes
13

Exploration

Seule la sonde *Voyager 2* a atteint Neptune, en 1989, après un voyage de 12 ans à travers l'espace. Elle a découvert que de nombreux orages ont lieu sur Neptune, ainsi que des jets de gaz et de poussières provenant de Triton. *Voyager 2* a analysé les anneaux de Neptune et découvert six autres lunes. La planète étant très éloignée, les signaux radio de la sonde ont mis quatre heures pour atteindre la Terre.

Météo

Neptune a un système météorologique orageux. Les vents sont les plus forts du Système solaire et l'on distingue de grandes taches noires à sa surface – des orages – ainsi que des nuages blancs se déplaçant à grande vitesse.

Les lunes de Neptune

Neptune possède une grande lune, Triton *(à droite)*, et 12 petites. Les jets d'azote et de poussière qui s'échappent de Triton sont soufflés par des vents puissants. Triton, découverte seulement 17 jours après sa planète, s'est probablement formée ailleurs et aurait été capturée par le champ de gravité de Neptune. L'image à gauche est une représentation imaginaire de l'ombre de Triton devant Neptune vue depuis son petit satellite Protée.

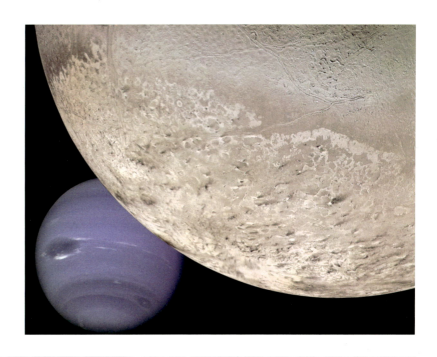

Les anneaux de Neptune

Les anneaux de Neptune sont constitués de particules de poussières glacées. Ils ont été découverts en 1984 ; la sonde *Voyager 2* a ensuite montré qu'il en existait 5 au total. Ils sont très fins par endroits, ce qui explique pourquoi, vus de la Terre, ils semblent avoir une forme d'arc. Ce phénomène est peut-être dû à la gravité des lunes de Neptune.

L'ASTRONOME

LA DÉCOUVERTE DE NEPTUNE

Les scientifiques, constatant l'étrange trajectoire d'Uranus, ont supposé qu'une autre planète influençait peut-être sa course. La position de cette planète a été déterminée théoriquement, puis les astronomes ont scruté le ciel à l'endroit voulu. En 1846, Johann Gottfried Galle, un savant allemand, a repéré la nouvelle planète depuis l'observatoire de Berlin *(ci-dessus)*. Elle a été baptisée Neptune d'après le dieu romain des mers.

MONDES MINIATURES

Outre les plus grands astres tels que le Soleil, ses planètes et leurs lunes, notre Système solaire compte également d'innombrables mondes miniatures.

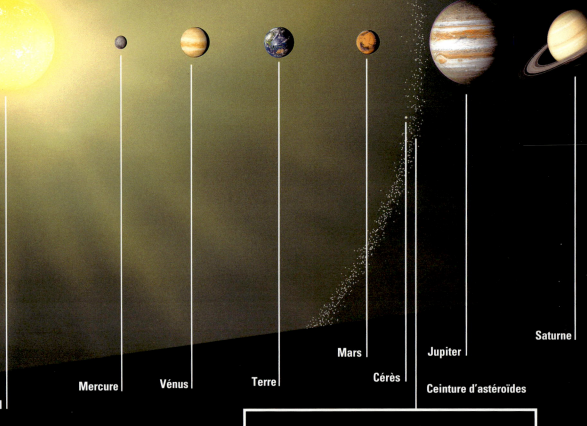

Soleil | Mercure | Vénus | Terre | Mars | Cérès | Jupiter | Ceinture d'astéroïdes | Saturne

ASTÉROÏDES

Des milliards d'astéroïdes, corps célestes faits de roche ou de métal, se trouvent dans la ceinture d'astéroïdes, entre Mars et Jupiter. L'image ci-contre montre l'astéroïde Ida, ainsi que Dactyl, un minuscule corps dans son orbite.

LE SYSTÈME SOLAIRE | 59

PLANÈTES NAINES

Les planètes naines sont suffisamment grandes pour que leur gravité leur donne une forme arrondie. Nous en connaissons seulement cinq à ce jour, mais il en existe probablement bien plus. Cérès, ci-contre, est la plus proche de la Terre et la plus petite de toutes. Haumea, Makemake et Éris ont été découvertes depuis 2004.

Nuage d'Oort

CEINTURE DE KUIPER

La ceinture de Kuiper *(ci-dessous)* est un anneau composé de petits éléments. Plus de 70 000 astéroïdes dépassent les 100 km de diamètre, mais la plupart sont trop petits pour être vus de la Terre. La partie externe de la ceinture s'appelle le Disque épars.

Huamea
Éris
Makemake
Ceinture de Kuiper

Neptune

PLUTON

Pluton, classé parmi les planètes jusqu'en 2006, est aujourd'hui considéré comme une planète naine. Constitué de roche et de glace, il compte trois lunes. Du fait de son orbite elliptique, les gaz de son atmosphère gèlent lorsqu'il s'éloigne du Soleil.

Pluton

Poussières et météorites

Le Système solaire est parsemé de milliards de particules de poussière provenant de sa formation. Ces matériaux provoquent parfois une faible lueur dans le ciel, visible à l'aube ou au crépuscule, appelée lumière zodiacale.

De minuscules poussières spatiales, les micrométéorites, tombent en permanence sur Terre. Les plus grosses, les météores, se désintègrent dans l'atmosphère. Ce sont les étoiles filantes.

Exploitation des météorites

Les météorites constituent une source importante de fer. Il y a près de 10 000 ans, une grande météorite s'écrasa au Groenland ; les populations locales s'en servirent pour fabriquer des outils. Aujourd'hui, les météorites nous aident à comprendre de quoi les planètes sont formées.

LES MÉTÉORITES

Les objets spatiaux qui s'écrasent sur Terre sont appelés des météorites (on parle de météoroïdes lorsqu'ils sont encore en orbite). Généralement constitués de roche, certains contiennent du fer ou un mélange des deux. Le plus grand connu à ce jour, baptisé Hoba West, pèse 60 tonnes.

Météorites

Cratères

Les grosses météorites peuvent causer des cratères lorsqu'ils s'écrasent sur la Terre. Mercure et la Lune sont couverts de cratères causés par les météoroïdes et les astéroïdes *(voir p. 58)* qui s'y sont écrasés. Ce cratère, situé aux États-Unis, date d'il y a 50 000 ans environ.

Ce cratère, en Arizona, mesure plus d'un kilomètre de diamètre.

Chute sur Terre

Lorsqu'un météoroïde pénètre dans l'atmosphère, le frottement avec l'air génère tellement de chaleur qu'il se met à briller et se transforme en une boule de gaz et de poussières enflammés. Les plus gros, dits bolides, peuvent parfois se briser dans les airs. Lorsqu'un météoroïde s'écrase sur Terre, il laisse une météorite à l'endroit de l'impact.

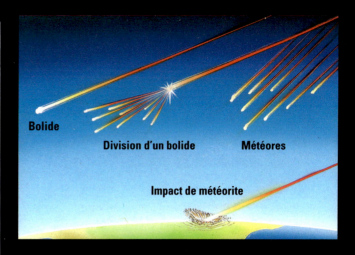

Ci-dessous : **Les Léonides vus depuis Monteromano, en Italie**

Pluie de météores

Certains météoroïdes sont des particules provenant des traînées de comètes. Lorsque la Terre traverse l'une de ces traînées, une « pluie » de météores s'abat alors sur notre planète. C'est le cas des Léonides, vers le 17 novembre. Ce nom vient du Lion, la constellation dans laquelle se produit cette pluie.

Comètes et nuage d'Oort

Les comètes proviennent des confins du Système solaire. Elles apparaissent la nuit sous la forme d'une longue traînée et sont souvent visibles plusieurs nuits de suite.

Les comètes sont des blocs de glace et de poussière. En approchant du Soleil, une partie de la glace se transforme en une longue queue gazeuse.

Queue bleutée de gaz

La tête de la comète est entourée d'une chevelure (ou coma) de gaz.

Queue blanchâtre de particules

La queue mesure souvent plus de 100 millions de kilomètres de long.

Le noyau est constitué de glace et de particules.

La mort venue du ciel

Il y a 65 millions d'années, les dinosaures ont tous disparus, alors qu'ils dominaient la planète depuis 160 millions d'années. On suppose qu'une comète s'est écrasée, soulevant tellement de poussière que le Soleil est resté caché pendant plusieurs mois. Sans la lumière du Soleil, la Terre s'est refroidie et les dinosaures n'ont pas survécu.

Impact sur Jupiter

En 1994, la comète Shoemaker-Levy 9 s'est brisée et plusieurs fragments se sont écrasés sur Jupiter, ce qui en a perturbé l'atmosphère. En raison de sa forte gravité, Jupiter est plus souvent frappée par les comètes que les autres planètes.

Le nuage d'Oort

Certaines comètes proviennent d'une zone appelée le nuage d'Oort, à l'orée de notre Système solaire. D'autres viennent du Disque épars, la partie externe de la ceinture de Kuiper *(voir p. 59)*. Les comètes se rapprochent du Soleil lorsqu'elles sont perturbées par la gravité d'autres éléments. Celles du nuage d'Oort sont influencées par des étoiles et celles du Disque épars par des planètes extérieures.

Sondes spatiales

La sonde *Stardust* a été lancée en 1999 pour collecter des échantillons de la comète Wild 2 en 2004, avant de revenir sur Terre en 2006. En 2011, elle effectue une nouvelle mission vers la comète Tempel 1. Cette comète avait déjà été examinée par la sonde *Deep Impact* en 2005.

L'ASTRONOME

LA COMÈTE DE HALLEY

L'astronome britannique Edmond Halley (1656-1742) constata que certaines comètes repassaient régulièrement près de la Terre. Il prédit que l'une d'elles, qui porte aujourd'hui son nom, repasserait en 1758, ce qui se produisit. Les premiers écrits sur le passage de la comète remontent à 240 avant J.-C.

Grandes découvertes

Avant l'invention du télescope en 1609, les planètes n'étaient que des points lumineux dans le ciel. Depuis, l'homme a fait de nombreuses découvertes concernant les planètes et le reste du Système solaire.

OBSERVATION DES PLANÈTES
- **1610** Galilée repère quatre lunes de Jupiter, les premières observées sur une autre planète que la Terre.
- **1655** Les anneaux de Saturne sont découverts par Christiaan Huygens.
- **1705** Edmond Halley prouve que les comètes reviennent régulièrement.
- **1781** William Herschel découvre Uranus.
- **1846** C'est au tour de Neptune d'être repérée par Johann Gottfried Galle.
- **1930** Clyde Tombaugh découvre Pluton, classée alors comme planète.
- **1959** *Luna 1* est la première sonde à dépasser la Lune.
- **1959** L'autre face de la Lune est observée par *Luna 3*.
- **1962** *Mariner 2* est la première sonde à passer près d'une autre planète (Vénus).
- **1965** *Mariner 4* atteint Mars.
- **1969** L'homme marche sur la Lune : deux astronautes américains se posent grâce à leur module lunaire.
- **1970** Une astromobile, *Lunokhod 1*, explore la Lune.
- **1973** *Pioneer 10* est la première sonde à atteindre Jupiter.
- **1974** *Mariner 10* survole Mercure.
- **1979** *Pioneer 11* arrive près de Saturne.
- **1986** *Voyager 2* atteint Uranus.
- **1986** Des sondes sont envoyées étudier la comète de Halley : *Vega 1*, *Vega 2*, *Giotto*, *Suisei* et *Sakigake*.
- **1989** *Voyager 2* passe près de Neptune.
- **1991** *Galileo* est la première sonde à atteindre un astéroïde (951 Gaspra).
- **2005** *Huygens* devient le premier engin spatial à atterrir sur le satellite d'une autre planète : Titan, de Saturne. *Deep Impact* établit le contact avec la comète Tempel 1.
- **2006** Pluton est reclassé comme planète naine. Selon l'Union astronomique internationale, une planète doit être assez massive pour avoir éliminé tout corps situé sur une orbite voisine, ce qui n'est pas le cas de Pluton.

Le Système solaire : le Soleil, les huit planètes et notre Lune

SITES INTERNET SUR LE SYSTÈME SOLAIRE

www.nationalgeographic.fr   L'actualité sur le système solaire et son exploration.

www.le-systeme-solaire.net   L'essentiel sur le système solaire : planètes, astéroïdes, sondes spatiales…

http://astronomie.aucoeurdelatoile.com/systeme-solaire.htm   Le Système solaire expliqué aux enfants.

http://www.solarviews.com/french/solarsys.htm   Site pédagogique sur le Système solaire.

http://space.jpl.nasa.gov/   Site américain du California Institute of Technology : simulation du ciel.

ÉTOILES ET GALAXIES

Malgré l'immensité de notre Univers, nous connaissons déjà de nombreuses choses à son sujet. Nous savons comment naissent et meurent les étoiles et pourquoi elles sont regroupées en amas ou en galaxies. Cependant, il reste de nombreux mystères à percer.

Qu'est-ce qu'une étoile ?

Les milliers d'étoiles visibles sont d'énormes boules brillantes de gaz bien plus grandes que la Terre.

Avec un télescope, nous pouvons voir des millions d'étoiles, mais il en existe des milliards d'autres, si éloignées que nous ne pouvons pas les distinguer.

Les types d'étoiles

Ce schéma montre la répartition d'un grand nombre d'étoiles en fonction de leur température (décroissante de gauche à droite) et de leur luminosité (croissante du bas vers le haut). On distingue la séquence principale (la diagonale au centre) et plusieurs groupes autour d'elle. Les principaux types d'étoiles sont visibles ici. Les supergéantes sont gigantesques et très brillantes. Les géantes font plusieurs fois la taille du Soleil, qui fait partie de la séquence principale. Les naines blanches sont petites et peu brillantes.

DISTANCES STELLAIRES

La distance qui nous sépare d'une étoile se mesure grâce au temps que met sa lumière pour nous parvenir. La lumière se déplace à 299 792 km/seconde : il lui faut moins de 1/8 de seconde pour faire le tour de la Terre. L'étoile la plus proche de nous est le Soleil, à 8,1 minutes-lumière. La deuxième étoile la plus proche est Proxima du Centaure, à 4,2 années-lumière. Le Soleil nous semble très brillant parce qu'il est proche, mais de nombreuses étoiles sont beaucoup plus brillantes.

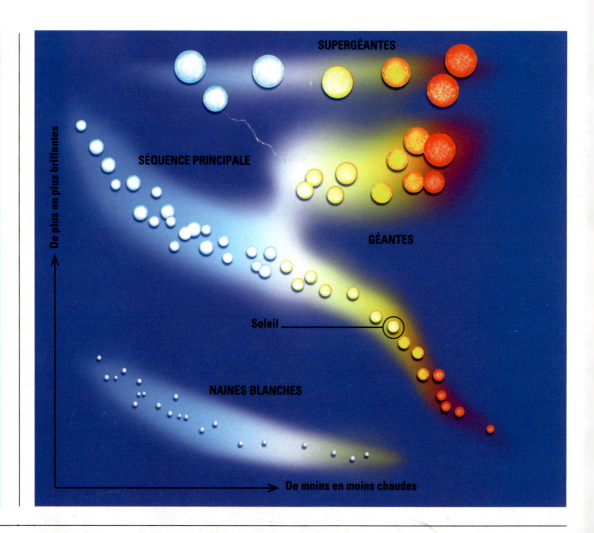

ÉTOILES ET GALAXIES | 67

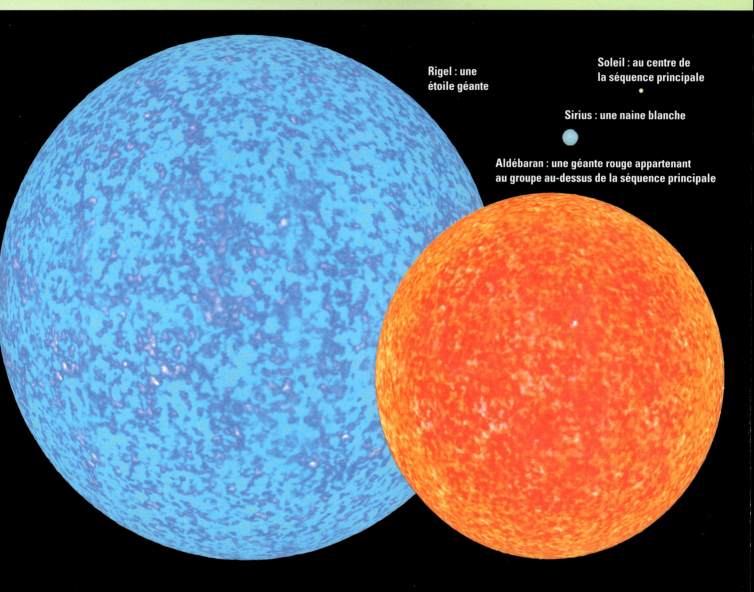

Rigel : une étoile géante

Soleil : au centre de la séquence principale

Sirius : une naine blanche

Aldébaran : une géante rouge appartenant au groupe au-dessus de la séquence principale

Propriétés des étoiles

Les étoiles ont des tailles, des masses et des luminosités très différents. La plus grande, découverte en 2010, est environ 320 fois plus lourde que le Soleil. Il existe des étoiles plus d'un million de fois plus brillantes que le Soleil et une étoile 2 000 fois plus grande.

Températures et couleurs

La couleur d'une étoile dépend de sa température. Les étoiles plus chaudes que le Soleil sont bleu-blanc, tandis que les plus froides sont jaunes, oranges, rouges ou brunes. Elles sont classées par lettres en fonction de leur température. Le Soleil est une étoile de type G.

O B A F G K M

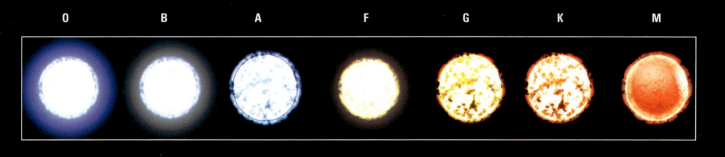

LE SOLEIL

La gravité du Soleil permet au Système solaire d'exister. Pour ne pas être absorbées par le Soleil, la Terre et les autres planètes doivent continuer à tourner autour de lui.

UNE LUMIÈRE TROP FORTE

Le Soleil est tellement brillant qu'il faut éviter de le regarder directement afin de ne pas s'abîmer les yeux. Même des lunettes de soleil ne protègent pas suffisamment. Avec un télescope, on peut projeter l'image du Soleil sur une feuille de papier et l'observer sans danger.

Le Soleil est tellement brillant que la surface de la Terre est éclairée pendant la journée même si le ciel est très nuageux.

LE SOLEIL
Masse 2 millions de trillions de trillions de tonnes (330 000 fois la masse de la Terre)
Diamètre à l'équateur 695 500 km (109 fois la Terre)
Température au centre 15 millions de degrés
Température à la surface visible 5 500 °C
Âge 4,6 milliards d'années
Gravité à la surface visible 28 fois la Terre
Composition Hydrogène (74 %) Hélium (25 %) Oxygène (1 %)

Ci-dessous : Chaque centimètre de la surface du Soleil produit autant de lumière que 250 000 bougies.

ÉTOILES ET GALAXIES | 69

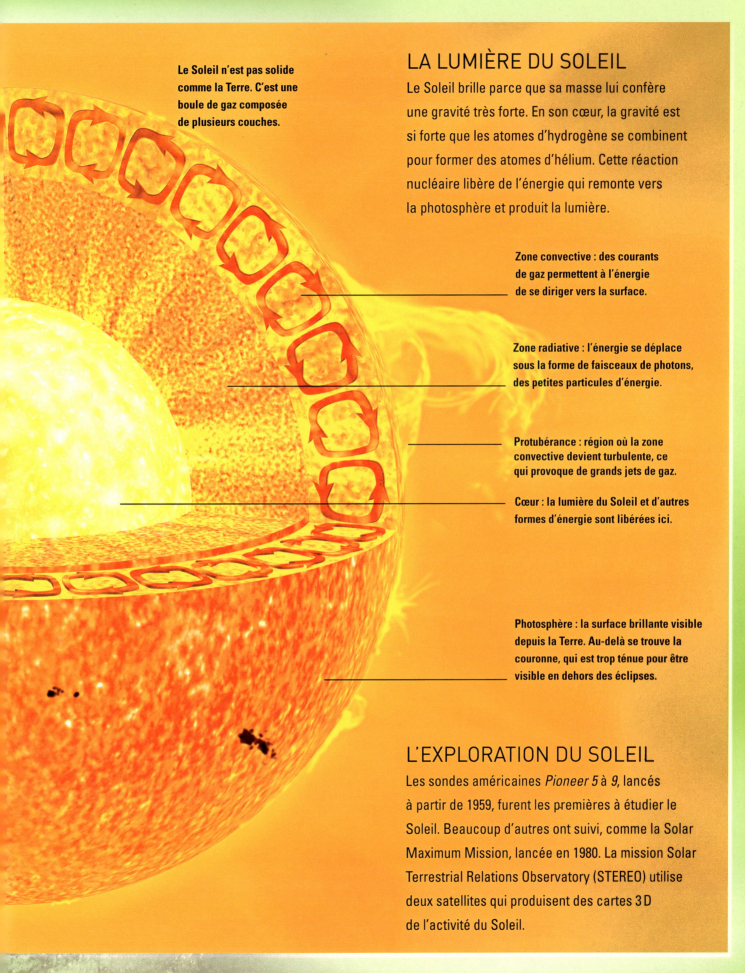

Le Soleil n'est pas solide comme la Terre. C'est une boule de gaz composée de plusieurs couches.

LA LUMIÈRE DU SOLEIL

Le Soleil brille parce que sa masse lui confère une gravité très forte. En son cœur, la gravité est si forte que les atomes d'hydrogène se combinent pour former des atomes d'hélium. Cette réaction nucléaire libère de l'énergie qui remonte vers la photosphère et produit la lumière.

Zone convective : des courants de gaz permettent à l'énergie de se diriger vers la surface.

Zone radiative : l'énergie se déplace sous la forme de faisceaux de photons, des petites particules d'énergie.

Protubérance : région où la zone convective devient turbulente, ce qui provoque de grands jets de gaz.

Cœur : la lumière du Soleil et d'autres formes d'énergie sont libérées ici.

Photosphère : la surface brillante visible depuis la Terre. Au-delà se trouve la couronne, qui est trop ténue pour être visible en dehors des éclipses.

L'EXPLORATION DU SOLEIL

Les sondes américaines *Pioneer 5* à *9*, lancés à partir de 1959, furent les premières à étudier le Soleil. Beaucoup d'autres ont suivi, comme la Solar Maximum Mission, lancée en 1980. La mission Solar Terrestrial Relations Observatory (STEREO) utilise deux satellites qui produisent des cartes 3D de l'activité du Soleil.

La surface du Soleil

La couche externe du Soleil est très active. Les taches solaires et d'autres éléments évoluent constamment. Cette activité varie sur une période de onze ans appelée cycle solaire.

Le puissant champ magnétique du Soleil provoque la plupart des phénomènes observés par les astronomes à sa surface.

La météo solaire

Pour décrire l'activité de la surface du Soleil, les astronomes utilisent les mêmes termes que les météorologistes décrivant le temps sur Terre. Ils parlent des vents et des tempêtes solaires. Ces phénomènes ne se produisent pas forcément dans l'atmosphère, mais plutôt à la surface du Soleil ou dans l'espace.

Ci-dessous : Cette protubérance rouge est un grand jet de gaz. Le magnétisme maintient le gaz loin au-dessus du Soleil pendant plusieurs jours.

ÉTOILES ET GALAXIES | 71

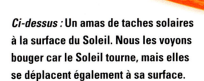

Ci-dessus : Un amas de taches solaires à la surface du Soleil. Nous les voyons bouger car le Soleil tourne, mais elles se déplacent également à sa surface.

Taches solaires et facules

Les zones plus sombres du Soleil s'appellent les taches solaires. Plus froides que les régions alentour et peuvent durer des semaines ou des mois. Les aires brillantes sont appelées facules. Plus le nombre de taches solaires est important, plus il y a de facules.

Granulation et éruptions

La granulation désigne l'apparence morcelée de la surface du Soleil. Chaque granule constitue la partie supérieure d'un courant de gaz. Les éruptions solaires sont d'immenses explosions et les éjections de masse coronale sont de grandes boules de gaz envoyées dans l'espace.

Le champ magnétique relie deux taches solaires l'une à l'autre.

Les taches solaires se forment par paires, chacune ayant un pôle magnétique opposé.

Chromosphère

Des particules de vent solaire sont éjectées par les taches solaires.

Photosphère

Taches solaires

Le Soleil et la Terre

Le vent solaire est un courant de particules chargées électriquement qui part en continu du Soleil dans toutes les directions, comme la lumière visible. Il est plus fort lorsque le Soleil est plus actif. Nous ne pouvons ni le voir ni le sentir, mais il est à l'origine des aurores boréales et australes *(voir p. 11)* et peut interférer avec les signaux radio et télévisés.

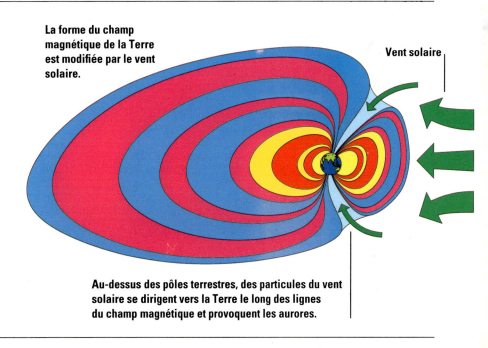

La forme du champ magnétique de la Terre est modifiée par le vent solaire.

Vent solaire

Au-dessus des pôles terrestres, des particules du vent solaire se dirigent vers la Terre le long des lignes du champ magnétique et provoquent les aurores.

Naissance d'une étoile

Les étoiles naissent dans des nuages moléculaires sombres faits de poussières et de gaz. Elles se forment lorsque des étoiles mourantes provoquent l'effondrement de ces nuages.

Dans plusieurs zones du nuage, la matière, très condensée et très chaude, forme des disques tournant sur eux-mêmes. Les étoiles naissent au centre de ces disques.

Histoires d'étoiles

Nous pouvons observer différentes étoiles à toutes les étapes de leur vie et ainsi comprendre comment elles se forment. Notre connaissance de la physique nous aide à expliquer cette évolution et les ordinateurs permettent de vérifier si nos explications sont correctes.

À droite : Des étoiles en formation dans les Piliers de la Création de la nébuleuse de l'Aigle.

Nuage moléculaire

Un disque commence à se former.

Les nuages moléculaires

Les nuages moléculaires font souvent des centaines d'années-lumière de large. Plus ils sont froids et plus ils risquent de s'effondrer et de donner naissance à des étoiles. Les zones noires de la photo de droite sont des globules de Bok, des régions de poussière et de gaz très denses. Il est probable qu'ils se transforment en disques tournants puis en étoiles.

Étoiles de type T Tauri

La matière étant comprimée par la gravité, le centre des disques tournants devient très chaud et commence à briller. On parle alors de protoétoiles. Notre Soleil pourrait avoir un jour été un type de protoétoile appelé T Tauri. L'astre orange au centre de cette image était le premier de ce type à être découvert. Ces étoiles sont très actives et très brillantes.

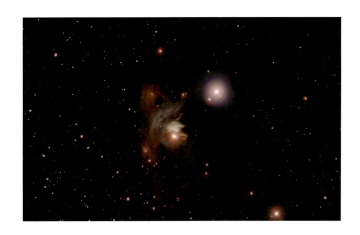

Les populations stellaires

La Soleil *(à droite)* et de nombreuses autres étoiles contiennent beaucoup d'éléments différents issus d'étoiles plus anciennes avant leur dispersion dans l'espace. Ces étoiles contenaient moins d'éléments différents. Les plus jeunes font partie de la population 2 et les plus vieilles appartiennent à la population 1.

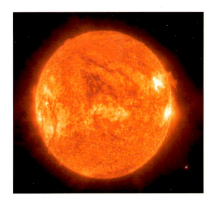

Ci-dessous : **Ce schéma montre comment est né le Soleil. Une telle étoile se forme en environ 50 millions d'années, à partir d'un énorme nuage moléculaire qui s'effondre.**

Le centre du disque brille et devient une protoétoile.

La protoétoile devient une véritable étoile lorsque les réactions nucléaires commencent.

Une jeune étoile brille dans le ciel.

MORT D'UNE ÉTOILE

La durée de vie d'une étoile dépend de sa masse : plus elle est importante, plus sa vie sera courte. Les plus petites étoiles vivent plusieurs centaines de milliards d'années, celles semblables au Soleil vivent dix milliards d'années et les plus massives ne durent que quelques millions d'années.

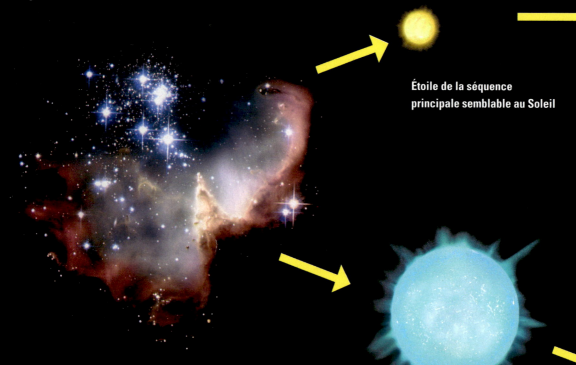

Nuage moléculaire

Étoile de la séquence principale semblable au Soleil

Géante rouge

Étoile de la séquence principale massive et brillante

Supergéante rouge

LES ÉTOILES MASSIVES

Lorsque le cœur d'une étoile massive consomme tout son hydrogène, elle grandit et devient une supergéante rouge. Elle utilise de nombreux autres éléments comme carburant. Lorsque tous sont épuisés, elle explose en supernova, puis elle laisse la place à une étoile à neutrons ou, si l'étoile d'origine faisait plus de 20 fois la masse du Soleil, à un trou noir.

ÉTOILES ET GALAXIES | 75

ÉTOILES SEMBLABLES AU SOLEIL

Lorsqu'une étoile semblable au Soleil épuise son hydrogène, elle commence à utiliser de l'hélium et grandit jusqu'à devenir une géante rouge. Lorsque tout le carburant est épuisé, ses couches extérieures sont éjectées et forment une énorme boule de gaz, une nébuleuse planétaire. Le cœur écrasé de l'étoile forme désormais une naine blanche, qui refroidira progressivement jusqu'à devenir une naine noire.

SUPERNOVAE

Les explosions de supernovae sont énormes et souvent plus brillantes que toutes les autres étoiles d'une galaxie réunies. À la différence des autres étapes de la vie d'une étoile, qui durent plusieurs millions d'années, une supernova ne dure que quelques jours. Les éléments produits par l'étoile sont éjectés dans l'espace et formeront de nouvelles étoiles et planètes.

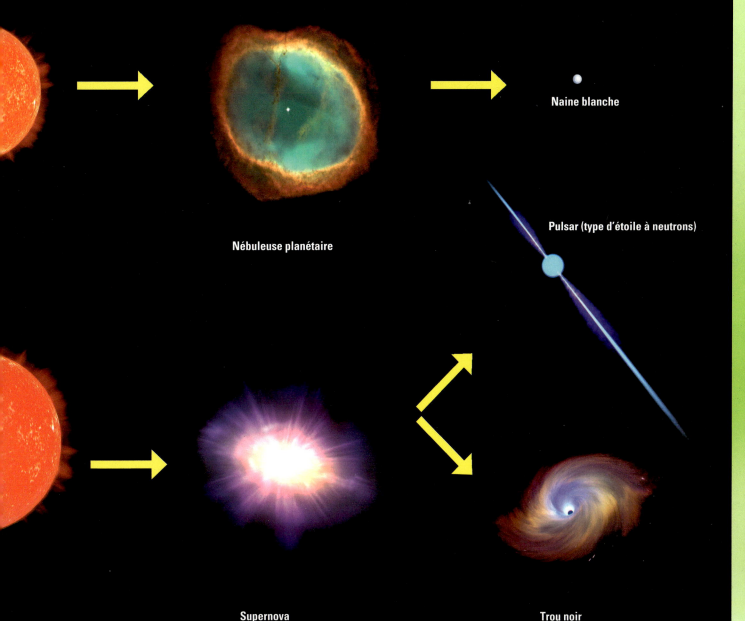

Nébuleuse planétaire

Naine blanche

Pulsar (type d'étoile à neutrons)

Supernova

Trou noir

Étoiles à neutrons et pulsars

Quand une étoile brille, la lumière et l'énergie qui s'en dégage ont tendance à l'agrandir, tandis que la gravité la fait rétrécir. Quand les deux forces s'équilibrent, l'étoile garde sa taille.

Lorsque l'étoile épuise son carburant et cesse de briller, elle devient de plus en plus petite sous l'effet de la gravité. Les étoiles semblables au Soleil deviennent des naines blanches ; les étoiles plus grandes rétrécissent encore plus et deviennent des étoiles à neutrons, appelées ainsi car composées de neutrons tenus ensemble par des forces gravitationnelles.

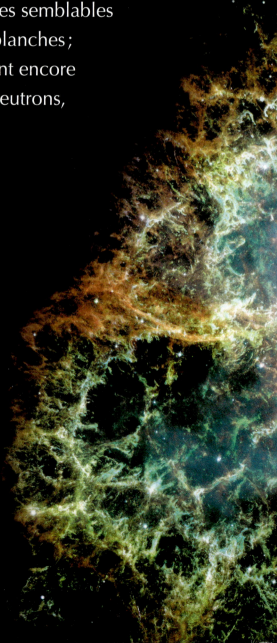

LES PULSARS

Les pulsars émettent des ondes radio par vagues. L'intervalle entre deux pulsations s'appelle la période.

Premier pulsar découvert
PSR B1919+21, en 1967

Premier pulsar binaire découvert
PSR B1913+16, en 1974

Premier pulsar accompagné de planètes découvert
PSR 1257+12, en 1992

Le plus rapide
PSR J1748-2446ad, avec une période de 0,001396 seconde

Le plus lent
J2144–3933, avec une période de 8,51 secondes

Le plus proche de la Terre
PSR J0108-1431, à 280 années-lumière

Le plus éloigné
Dans la galaxie d'Andromède, à environ 2,5 millions d'années-lumière

La nébuleuse du Crabe

En 1054, des astronomes chinois virent une nouvelle étoile si brillante qu'on pouvait la voir en plein jour. Il s'agissait d'une supernova. L'image de droite montre l'aspect actuel de cette zone, appelée la nébuleuse du Crabe : c'est une vaste région de gaz brillants qui s'agrandit continuellement et qui contient un pulsar.

ÉTOILES ET GALAXIES | 77

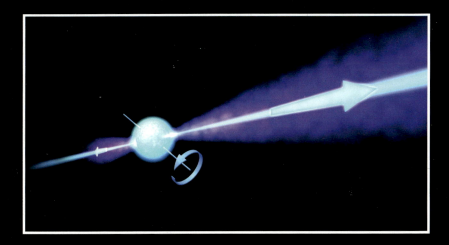

Qu'est-ce qu'un pulsar ?

Les étoiles à neutrons ont des champs magnétiques puissants qui envoient des faisceaux d'ondes radio dans l'espace. Si ces ondes passent près de la Terre, les radiotélescopes peuvent les détecter sous forme de bips. L'étoile à neutrons est dans ce cas appelée pulsar. En vieillissant, elle épuise son énergie et les bips se font plus espacés. Le signal du pulsar du Crabe ralentit d'environ un cent millième de seconde par an.

Étoiles à neutrons

Les étoiles à neutrons ne font que quelques kilomètres de diamètre, même si elles pèsent plus lourd que le Soleil. Elles sont recouvertes de plusieurs couches de fer. Les étoiles à neutrons sont les restes d'étoiles faisant entre neuf et vingt fois la masse du Soleil. Les étoiles encore plus massives créent des trous noirs (voir p. 79).

LES TROUS NOIRS

Si la matière est compressée dans un espace extrêmement petit, la gravité est si forte que rien ne peut s'en échapper, pas même la lumière. On parle alors de trou noir.

COMMENT REPÉRER LES TROUS NOIRS ?

Les trous noirs étant totalement obscurs, on ne peut distinguer que leurs effets. Chaque trou noir est entouré d'un disque de matière qu'il avale progressivement. La matière absorbée libère de l'énergie, notamment de puissants rayons X. La gravité du trou noir peut aussi détourner la lumière d'autres étoiles.

Ci-dessous : Un disque de gaz et de poussière au centre d'une galaxie qui tourne probablement autour d'un trou noir supermassif.

Certains pensent que les trous noirs permettront un jour aux vaisseaux de couvrir de longues distances dans l'Univers, voire de voyager dans le temps.

ÉTOILES ET GALAXIES | 79

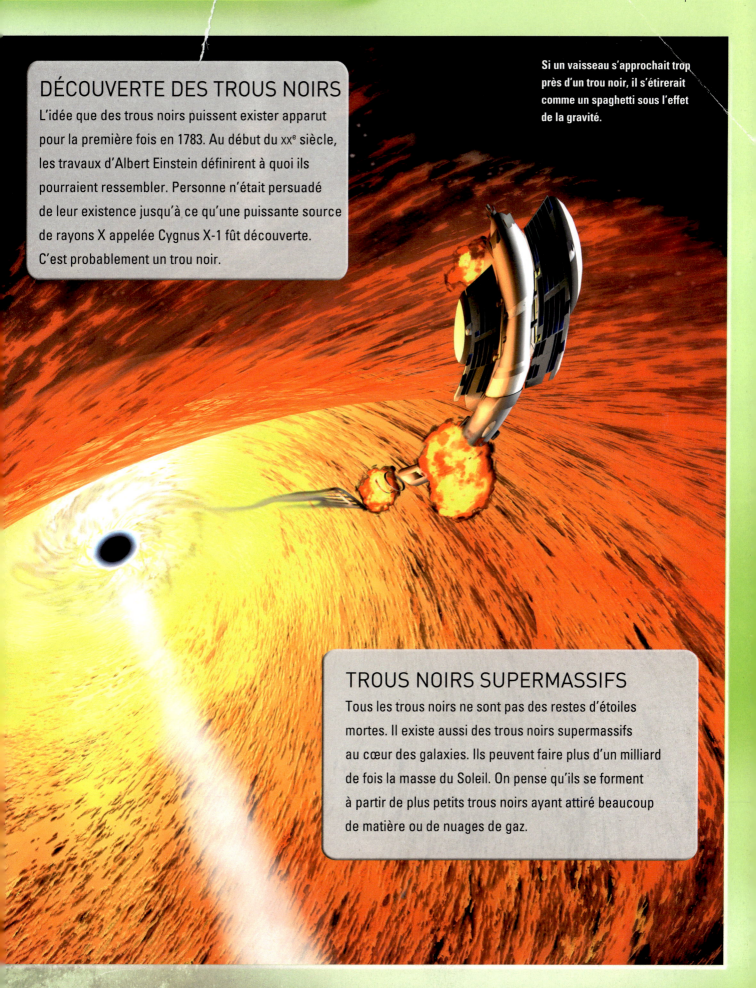

DÉCOUVERTE DES TROUS NOIRS

L'idée que des trous noirs puissent exister apparut pour la première fois en 1783. Au début du XXe siècle, les travaux d'Albert Einstein définirent à quoi ils pourraient ressembler. Personne n'était persuadé de leur existence jusqu'à ce qu'une puissante source de rayons X appelée Cygnus X-1 fût découverte. C'est probablement un trou noir.

Si un vaisseau s'approchait trop près d'un trou noir, il s'étirerait comme un spaghetti sous l'effet de la gravité.

TROUS NOIRS SUPERMASSIFS

Tous les trous noirs ne sont pas des restes d'étoiles mortes. Il existe aussi des trous noirs supermassifs au cœur des galaxies. Ils peuvent faire plus d'un milliard de fois la masse du Soleil. On pense qu'ils se forment à partir de plus petits trous noirs ayant attiré beaucoup de matière ou de nuages de gaz.

Les étoiles variables

Les étoiles ne brillent pas toujours de la même façon. Lorsque leur luminosité varie, ce sont des étoiles variables. Celles dont l'éclat change de manière prévisible sont des variables pulsantes. L'éclat des variables irrégulières est imprévisible.

La luminosité d'une étoile peut changer parce que sa taille s'est modifiée ou parce qu'un nuage de poussières ou une autre étoile masquent sa lumière. Parfois, il se produit de violentes explosions.

ÉTOILES VARIABLES

Éruptives
Par exemple les étoiles R Coronae Borealis, qui produisent des nuages de fumée, et les étoiles à sursauts.

Pulsantes
Par exemple les Mira, nommées d'après la toute première étoile variable découverte, et les céphéides.

Rotatives
Les pulsars.

Cataclysmiques
Les novas et les supernovae.

À éclipse
Lorsque deux étoiles binaires passent l'une devant l'autre.

Coquilles de poussière

L'étoile ici au centre, V838 Monocerotis, est entourée de coquilles de poussière. En 2002, elle a été prise en photo après une grande explosion de lumière. Au fur et à mesure que la lumière voyageait entre les coquilles, celles-ci se sont illuminées *(quatre images en bas à droite)*. Aucune explosion de cette portée n'a jamais été observée chez une autre étoile et nous n'en connaissons pas l'origine, mais elle était extrêmement puissante et a rendu cette étoile un million de fois plus brillante que le Soleil. L'étoile elle-même mesure plus de 1 000 fois la taille du Soleil.

ÉTOILES ET GALAXIES | 81

Étoiles couvertes de taches

Certaines supergéantes, comme XX Trianguli *(à gauche)*, possèdent des taches tellement grandes qu'elles recouvrent un quart de leur surface. Comme toutes les étoiles, XX Trianguli tourne sur elle-même : depuis la Terre, sa luminosité varie donc. Cette tache est probablement due au champ magnétique de l'étoile, comme pour le Soleil. Elle fait environ 1 000 °C de moins que le reste de la surface.

Les céphéides

La période d'une céphéide (le temps nécessaire pour que sa luminosité varie) dépend de sa luminosité : les céphéides les plus brillantes ont des périodes plus longues. Les astronomes calculent l'éclat réel d'une céphéide en mesurant sa période. En comparant cette donnée avec la lumière perçue depuis la Terre, ils peuvent calculer la distance qui nous sépare de la céphéide.

Monocerotis

20 mai 2002

2 septembre 2002

LES ÉTOILES BINAIRES

À la différence de notre Soleil, la plupart des étoiles forment des paires. On les appelle étoiles binaires ou doubles. Elles sont nées près l'une de l'autre, à partir du même nuage.

UN SYSTÈME STELLAIRE BINAIRE

Les étoiles d'un système binaire tournent l'une autour de l'autre. Lorsque, depuis la Terre, elles semblent passer l'une devant l'autre, la luminosité de l'étoile double change et l'on parle d'étoile binaire à éclipse. Si les étoiles sont très proches, elles semblent ne faire qu'une, mais les astronomes peuvent mesurer les changements de couleur entraînés par leur mouvement. Il est alors possible de calculer leur masse.

ORBITES BINAIRES

Dans un système double, la vitesse de rotation de chaque étoile dépend de sa masse et de sa distance. Les étoiles proches décrivent leur orbite en quelques jours, mais cela peut prendre des siècles dans le cas d'étoiles plus éloignées.

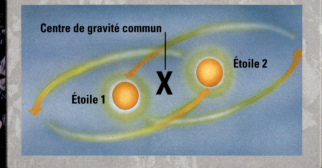

ÉTOILES ET GALAXIES

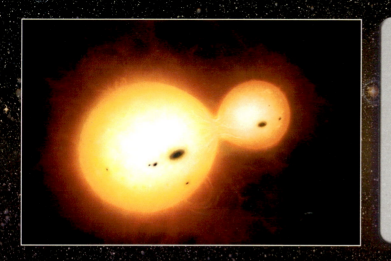

ÉTOILES BINAIRES À CONTACT

Dans une étoile binaire à contact, les étoiles sont tellement proches que la gravité de chacune attire l'atmosphère de l'autre jusqu'à ce qu'elles se touchent et s'unissent. Depuis la Terre, on a souvent l'impression que ces étoiles n'en forment qu'une. Ce type de binaire à éclipse s'appelle Ursae Majoris EW.

Des planètes orbitent sûrement autour de certaines étoiles binaires. Leur température de surface doit changer au fur et à mesure qu'elles s'éloignent ou se rapprochent de chaque étoile et il est peu probable que la vie puisse s'y développer.

Les amas d'étoiles

Lorsque beaucoup d'étoiles se forment à partir du même nuage, elles restent souvent ensemble pendant des millions d'années sous la forme d'un amas. Il en existe deux types : les amas globulaires, plutôt ronds, et les amas ouverts, plus étendus.

Les amas globulaires ressemblent à des boules de lumière laiteuse et contiennent de quelques milliers à plusieurs millions d'étoiles. Les amas ouverts contiennent plusieurs dizaines à plusieurs milliers d'étoiles.

Les Pléiades

L'amas ouvert des Pléiades *(ci-dessous)* se voit facilement depuis la Terre car il n'est situé qu'à 440 années-lumière de nous. On l'appelle également l'amas des Sept Sœurs car il contient sept étoiles très brillantes (six sont visibles sur la photo) et beaucoup d'autres plus sombres.

AMAS EN CHIFFRES
Il existe environ 10 000 amas ouverts dans la Voie lactée. On en trouve également dans d'autres galaxies, lorsque des étoiles sont en formation. Il existe probablement moins de 200 amas globulaires dans la Voie lactée, mais on en trouve dans toutes les grandes galaxies.

ÉTOILES ET GALAXIES | 85

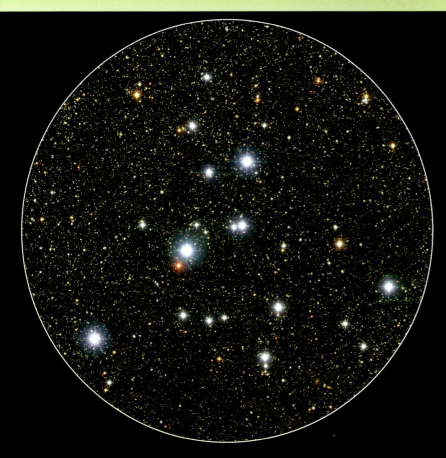

Les amas ouverts

Ici, les étoiles dérivent pendant des millions d'années, mais la matière qui leur a donné naissance est toujours présente et de nouvelles étoiles remplacent parfois celles qui se sont éloignées. Voici l'amas M39, dans la constellation du Cygne; le M vient du nom de Charles Messier, l'astronome français qui l'a découvert en 1764. M39 se trouve à environ 800 années-lumière de la Terre et il a entre 200 et 300 millions d'années. Ses étoiles ont environ 300 millions d'années et sont donc beaucoup plus jeunes que le Soleil.

Les amas globulaires

Les amas globulaires se dilatent également, mais leur gravité est plus forte et cela prend donc beaucoup plus de temps que pour les amas ouverts : ils peuvent durer des milliards d'années. Voici M13, découvert lui aussi par Charles Messier. Il fait environ 250 années-lumière de large et se situe à environ 25 000 années-lumière de nous. Il contient plusieurs centaines de milliers d'étoiles. Il est visible à l'œil nu si le ciel est très sombre et dégagé. Le télescope de Messier n'était pas assez puissant pour en distinguer les détails et l'astronome le décrivit donc comme « une nébuleuse sans étoiles ».

LES NÉBULEUSES

L'ESPACE CONTIENT DES ATOMES DE GAZ ET DES PARTICULES DE POUSSIÈRE. GÉNÉRALEMENT DISPERSÉS DANS L'UNIVERS, ILS SONT PARFOIS RÉUNIS EN SORTE DE NUAGES : LES NÉBULEUSES.

TYPES DE NÉBULEUSES

Il existe plusieurs types de nébuleuses, qui se distinguent par leur composition et la façon dont elles se sont formées. Les nébuleuses obscures, comme celle de la Tête de cheval *(à droite)*, sont composées de poussières très denses qui cachent la lumière des étoiles lointaines. Les nébuleuses planétaires, lorsqu'on les observe au télescope, ressemblent à des planètes.

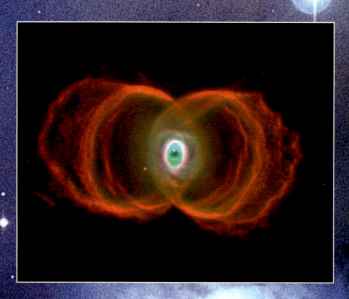

LA NÉBULEUSE DU SABLIER

La nébuleuse du Sablier *(ci-dessus)* est une nébuleuse planétaire, une boule de gaz éjectée par une étoile mourante. La nébuleuse du Sablier a une forme étrange, peut-être en raison du vent stellaire inhabituel de son étoile.

LA NÉBULEUSE DU CRAYON

La nébuleuse du Crayon fait partie des restes de la supernova Vela. Elle a l'apparence d'une longue bande fine et se déplace à 644 000 km/h. Formée par une supernova il y a 12 000 ans, elle se situe à 800 années-lumière de la Terre.

LA NÉBULEUSE D'ORION

La nébuleuse d'Orion *(ci-dessus)* est l'une des plus faciles à voir. Elle fait environ 24 années-lumière de large. De nouvelles étoiles et planètes s'y forment lorsque des zones s'effondrent, comme ce fut le cas pour le Soleil et la Terre.

La Voie lactée

Pendant une nuit claire sans Lune, vous apercevrez une bande floue dans le ciel. C'est la Voie lactée. Avec un télescope, vous verrez qu'elle se compose de millions d'étoiles.

La Voie lactée, qu'on appelle aussi la Galaxie, contient quelque 200 milliards d'étoiles. C'est un disque mesurant environ 100 000 années-lumière de diamètre.

Les bras spiraux
La Voie lactée possède plusieurs bras spiraux très brillants qui contiennent beaucoup de jeunes étoiles émettant une intense lumière.

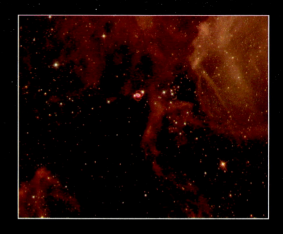

La découverte de la Voie lactée
La Voie lactée, déjà connue des Grecs anciens, ne fut observée au télescope en 1610 par Galilée. En 1785, William Herschel dessina une carte de la Voie lactée et décida que la Terre n'était pas très éloignée de son centre. Nous savons désormais que cette carte ne représentait qu'une très petite partie de la Galaxie. Ce n'est qu'en 1920 que tous les astronomes ont reconnu que la Voie lactée n'est qu'une galaxie parmi d'autres.

Les nuages de Magellan
Le ciel nocturne de l'hémisphère sud montre deux zones lumineuses ressemblant à la Voie lactée : le Petit et le Grand Nuage de Magellan, qui se sont déformés sous l'effet de la gravité de la Voie lactée.

ÉTOILES ET GALAXIES | 89

Où sommes-nous ?

Le Système solaire se situe près du côté interne du bras d'Orion, à peu près à mi-chemin (25 000 années-lumière) du centre.
Il se déplace à la vitesse de 200 km/s, et il lui faut 240 millions d'années pour parcourir les 160 000 années-lumière nécessaires pour faire un tour complet de la Galaxie. Le Soleil et quelques étoiles proches sont situés dans une région appelée la bulle locale, où le gaz que l'on trouve généralement dans la Voie lactée est particulièrement dispersé.

Depuis la Terre

La Voie lactée se distingue plus facilement depuis l'hémisphère sud, car nous sommes alors tournés vers son centre brillant. Les zones plus sombres sont composées de poussières.

AU CINÉMA

EMPIRES GALACTIQUES : La série télévisée et les films *Star Trek* suivent les aventures interstellaires d'un vaisseau d'exploration appelé *Enterprise*. Ci-dessus, l'*USS Enterprise* empêche une guerre d'éclater dans la Voie lactée entre deux ennemis galactiques, la Fédération et l'Empire klingon.

Les galaxies

Des milliards de galaxies sont disséminées dans l'Univers. Chacune reste unie grâce à la gravité et contient de nombreuses étoiles.

Les galaxies peuvent contenir des milliards d'étoiles. La plupart sont petites et de forme irrégulière. Nous ignorons comment elles se constituent.

Une galaxie spirale
Voici une vue de face de la galaxie du Tourbillon. C'est une galaxie spirale avec un bulbe central brillant et des bras d'étoiles qui s'enroulent autour d'elle. La galaxie tourne constamment sur elle-même, comme un tourbillon. Le bulbe est une masse dense de vieilles étoiles. Les bras sont riches en jeunes étoiles et en gaz brillants. Les galaxies comme celle-ci sont assez rares.

Types de galaxies
Il existe quatre types de galaxies. Les galaxies irrégulières n'ont pas de forme définie (1). Les galaxies elliptiques ont la forme de balles aplaties ou écrasées (2). Les galaxies spirales ont des bras recourbés, comme la Voie lactée, qui est probablement traversée par une barre d'étoiles (3). D'autres galaxies spirales ne comportent pas de barres (4).

Galaxies en collision
Voici les deux galaxies des Souris. Elles possèdent des formes étranges car elles sont en train d'entrer en collision. La gravité de l'une déforme l'autre et provoque la naissance de centaines de nouvelles étoiles.

ÉTOILES ET GALAXIES | 91

Énergie libérée
Trou noir
La matière tourne pendant qu'elle est aspirée.

Les galaxies actives

Les galaxies actives contiennent d'immenses trous noirs. La matière tombant dans les trous noirs émet énormément de radiations *(ci-dessus)*. Les galaxies actives ont un aspect différent selon l'angle d'observation. Vues de trois quarts, on les appelle des quasars, qui sont l'une des sources de lumière les plus brillantes et les plus éloignées que l'on connaisse.

L'UNIVERS

L'Univers contient tout ce qui existe. Nous ignorons sa taille car nous ne pouvons pas voir plus loin que quelques milliards d'années-lumière. Cette zone s'appelle l'Univers connu et il est en grande partie vide et froid.

AU-DELÀ DES ÉTOILES

S'il était possible de quitter la Terre à une vitesse extraordinaire, nous laisserions rapidement derrière nous la Lune et toutes les planètes. Nous dépasserions ensuite de nombreuses étoiles, mais elles finiraient par se raréfier car nous quitterions la Voie lactée. Nous verrions alors de nombreuses autres galaxies, réunies en groupes de tailles différentes (amas et superamas). En allant encore plus loin, nous verrions que ces amas et superamas forment de longues lignes, les filaments, séparés par des espaces vides.

La Voie lactée
Notre galaxie fait environ 100 000 années-lumière de diamètre et plus de 2 000 années-lumière d'épaisseur.

La Lune, située à environ 1,5 seconde-lumière de la Terre, est notre plus proche voisine.

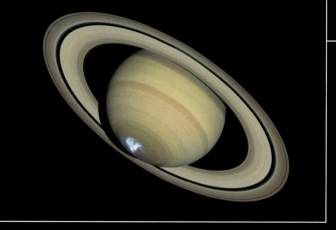

Planètes du système solaire
La distance du Soleil à Neptune est d'environ 4,2 heures-lumière. Le côté externe du Nuage d'Oort pourrait être à plus d'une année-lumière de nous.

ÉTOILES ET GALAXIES | 93

UN ESPACE INFINI

L'Univers n'a ni centre ni côtés. Nous ne savons pas s'il est infini ou limité en volume, mais, même s'il a des frontières, il serait impossible de les atteindre. C'est un peu comme pour la Terre : on peut voyager indéfiniment sans jamais rencontrer de fin, mais l'espace à visiter sur notre planète est limité.

Le Groupe local
Le Groupe local réunit la Voie lactée et une trentaine d'autres galaxies, généralement plus petites que la nôtre. Voici la galaxie d'Andromède, M31.

Les galaxies distantes
On distingue ici de nombreuses galaxies. Elles sont réunies dans des amas, comme par exemple le Groupe local, eux-mêmes réunis dans des superamas. Les groupes de superamas forment des filaments séparés par d'immenses régions vides.

Le Big Bang

À la suite d'une immense explosion d'énergie, les groupes de galaxies s'éloignent de notre Groupe local. Les plus éloignés se déplacent plus rapidement que les plus proches.

Depuis sa formation, l'Univers se dilate à une vitesse exceptionnelle. Il a été formé il y a 13,7 milliards d'années dans une soudaine explosion d'énergie appelée le Big Bang.

Le fond diffus cosmologique

L'idée du Big Bang a été proposée en 1925, mais de nombreux astronomes en ont douté jusqu'en 1964, lorsque la radiation qu'il a laissée a été mesurée. On l'appelle le fond diffus cosmologique. La mesure des variations de cette radiation permet aux astronomes de retracer les débuts des galaxies dans l'Univers primitif.

À l'origine

Le Big Bang a marqué le début de tout, y compris du temps et de l'espace. Cette explosion d'énergie, soudaine et mystérieuse, a dégagé une chaleur intense et a été suivie d'une période d'expansion : c'est l'inflation cosmique. Depuis, l'Univers continue de se dilater et de se refroidir.

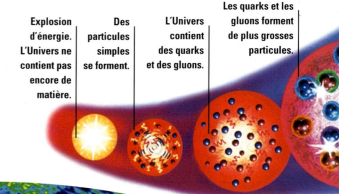

Explosion d'énergie. L'Univers ne contient pas encore de matière.

Des particules simples se forment.

L'Univers contient des quarks et des gluons.

Les quarks et les gluons forment de plus grosses particules.

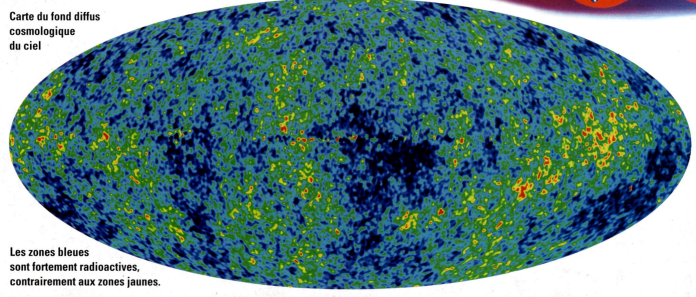

Carte du fond diffus cosmologique du ciel

Les zones bleues sont fortement radioactives, contrairement aux zones jaunes.

ÉTOILES ET GALAXIES | 95

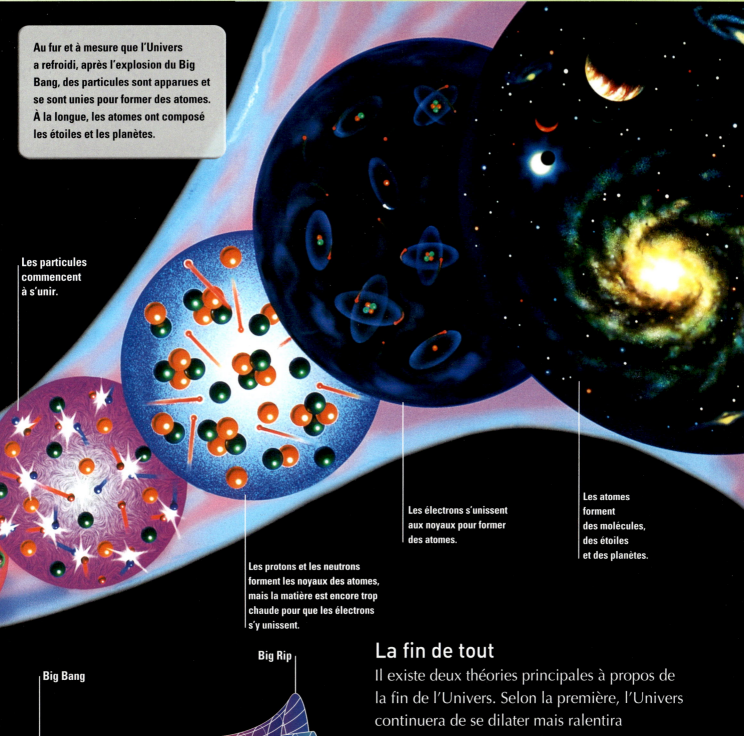

Au fur et à mesure que l'Univers a refroidi, après l'explosion du Big Bang, des particules sont apparues et se sont unies pour former des atomes. À la longue, les atomes ont composé les étoiles et les planètes.

Les particules commencent à s'unir.

Les protons et les neutrons forment les noyaux des atomes, mais la matière est encore trop chaude pour que les électrons s'y unissent.

Les électrons s'unissent aux noyaux pour former des atomes.

Les atomes forment des molécules, des étoiles et des planètes.

Big Bang

Big Rip

L'Univers aujourd'hui

Big Chill

Formation et évolution de l'Univers

La fin de tout

Il existe deux théories principales à propos de la fin de l'Univers. Selon la première, l'Univers continuera de se dilater mais ralentira progressivement. Les étoiles épuiseront leur carburant et mourront. À la longue, l'Univers entier sera froid, sombre et mort. On appelle parfois cette théorie le Big Chill (le Grand Froid). La deuxième théorie veut que l'Univers se dilate de plus en plus vite, jusqu'à ce qu'il se déchire entièrement : c'est la théorie du Big Rip (la Grande Déchirure).

Les distances dans l'espace

L'un des aspects les plus importants et difficiles de l'astronomie consiste à calculer la taille de l'Univers et la distance entre les objets qu'il contient. Il existe différentes méthodes en fonction des objets.

DISTANCES DANS LE SYSTÈME SOLAIRE

La distance Terre-Lune est calculée en projetant des rayons laser vers la Lune et en chronométrant le temps qu'il leur faut pour revenir sur Terre. Cela prend environ 2,6 secondes : la Lune est donc à 1,3 seconde-lumière de nous. Cette méthode sert aussi pour mesurer la distance jusqu'aux planètes, mais avec des ondes radio à la place de la lumière. Nous savons ainsi que Vénus, la planète la plus proche, est située à 40 millions de kilomètres (2,2 minutes-lumière). Les distances entre planètes sont souvent mesurées en unités astronomiques (ua). La distance entre la Terre et le Soleil représente une unité astronomique.

DISTANCES ENTRE ÉTOILES

Nous pouvons mesurer les distances nous séparant des premières étoiles car nous les voyons se déplacer très légèrement par rapport à celles plus éloignées, un peu comme un arbre semble se déplacer par rapport à l'arrière-plan lorsqu'on est en voiture. Dans le cas d'une étoile plus distante, les astronomes calculent sa luminosité grâce à leurs connaissances sur les étoiles de même type. Ils la comparent alors à l'éclat de l'étoile dans le ciel pour calculer son éloignement. Les distances entre étoiles sont mesurées en parsecs : un parsec fait 3,26 années-lumière.

DISTANCES GALACTIQUES

Les autres galaxies sont à des siècles-lumière de la Terre. Elles contiennent des étoiles variables dont la brillance et l'éloignement peuvent être calculés en mesurant la variation de leur luminosité. On connaît la distance des galaxies éloignées en calculant leur véritable taille à partir de leur forme et en la comparant à leur taille apparente. De plus, comme nous savons que les galaxies distantes s'éloignent de nous, nous pouvons calculer leur éloignement à partir de leur vitesse. Les distances entre galaxies sont souvent mesurées en mégaparsecs, c'est-à-dire en millions de parsecs.

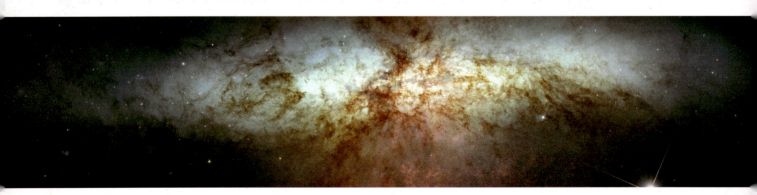

Une nébuleuse lointaine

SITES INTERNET SUR L'ESPACE ET LE TEMPS

http://www.cnrs.fr/cw/dossiers/dosbig Des origines de l'Univers à l'origine de la vie. Site du Centre national de la recherche scientifique.

http://nrumiano.free.fr/PagesU/Findex.html Site d'un passionné d'astronomie : les étoiles, les galaxies, l'Univers ; lexique des termes et des notions d'astronomie.

http://atunivers.free.fr/index.html Nombreuses cartes et illustrations sur l'Univers visible.

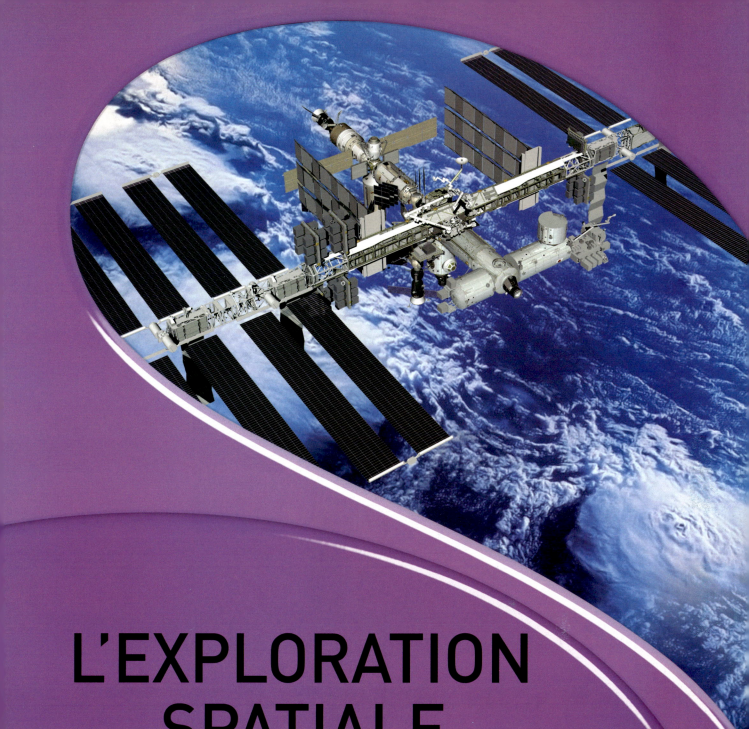

L'EXPLORATION SPATIALE

L'exploration de l'espace n'en est qu'à ses débuts. L'homme n'a posé le pied que sur la Lune, mais nous avons envoyé des sondes vers toutes les planètes et autres objets du Système solaire. Les voyages dans l'espace nécessitent une très haute technologie et ne seront possibles qu'avec la coopération de nombreux pays.

Les pionniers de l'espace

L'Homme, les yeux rivés vers la Lune, rêve de voyager dans l'espace depuis des siècles. En effet, dès qu'il comprit que la Lune était un astre, il chercha à y poser le pied.

Aucun des écrivains ayant rêvé de marcher sur la Lune n'a trouvé de solution pratique pour s'y rendre. Leurs histoires ont toutefois aiguillé les scientifiques dans leurs réflexions sur le fonctionnement d'une navette spatiale.

Premiers textes

La première histoire évoquant un voyage sur la Lune a été imaginée par Lucien de Samosate il y a plus de 2 000 ans. Il intitula son récit *Histoire véritable*, sachant que personne ne le prendrait au sérieux. Il y raconte comment un navire est emporté par une tempête jusque sur la Lune, dont les habitants sont en guerre avec le Royaume du Soleil pour le contrôle de Vénus.

Périple cosmique

En 1638, l'évêque de Hereford écrivit *L'Homme dans la Lune*, un livre racontant l'histoire d'un astronaute transporté jusqu'à la Lune par des oies.

L'EXPLORATION DE L'ESPACE | 99

Premier vol

Robert Goddard (1882-1945), un ingénieur américain, travailla sur la théorie d'un vol en fusée. En 1926, il lança la toute première fusée à combustible liquide. Elle ne vola que deux secondes trente, mais l'idée était si brillante que les navettes actuelles s'en inspirent encore.

Constantin Tsiolkovski

L'ingénieur russe Constantin Tsiolkovski (1857-1935) était fasciné par l'idée d'un voyage spatial, mais il disposait de moyens très limités pour ses expériences. Il imagina donc de nombreux concepts et instruments qui ne furent réalisés que bien des années plus tard, comme les fusées à étages *(p. 101)* ou les stations spatiales *(p. 120-121)*. Il calcula aussi la vitesse et le carburant nécessaires pour qu'une fusée quitte la Terre.

DANS LES MÉDIAS

LES PREMIERS HOMMES DANS LA LUNE

En 1901, H. G. Wells écrit *Les Premiers Hommes dans la Lune*. Dans ce roman, un inventeur découvre un métal qui bloque la gravité et s'en sert pour construire un astronef. Il se rend sur la Lune et découvre une civilisation et la présence d'air. La photo ci-dessus est tirée de l'adaptation cinématographique de 1960.

Échapper à la gravité

Pour voyager dans l'espace, un vaisseau doit d'abord quitter la Terre, ce qui implique d'échapper à sa force de gravité. Il doit pour cela s'envoler tout droit à très grande vitesse. Le seul moyen d'y parvenir est d'utiliser une fusée.

Les fusées volent de manière très différente des avions : ces derniers s'appuient sur l'air et planent, alors que les fusées sont ralenties par les frottements de l'air ; elles volent donc mieux dans le vide de l'espace.

VITESSE D'ÉVASION
La vitesse d'évasion est la vitesse nécessaire pour échapper à l'attraction gravitationnelle d'une planète. Les astronautes d'Apollo ont eu besoin d'une très grande fusée pour quitter la Terre et sa forte pesanteur, mais d'une petite capsule pour repartir de la Lune, à la très faible gravité. La vitesse d'évasion est calculée en km/s.

Astéroïde Vesta : 0,3
Lune : 2,4
Mars : 5,0
Terre : 11,2
Soleil : 617,5

Propulsion des fusées
En s'échappant de la chambre de combustion, les gaz issus de la combustion du carburant créent une force de poussée : c'est la propulsion, qui permet à la fusée de s'élever.

Vitesse d'évasion
Plus tu lances fort un caillou vers le ciel, plus il ira haut avant de retomber. Si tu pouvais le lancer suffisamment fort, il ne retomberait jamais et atteindrait l'espace. Le caillou aurait alors atteint sa vitesse d'évasion.

Fusées à étages

Le carburant et les réservoirs sont très lourds. Or, plus une fusée est lourde et plus elle a besoin de combustible pour décoller. Au fur et à mesure que le carburant brûle, les réservoirs vides se détachent donc étage par étage, d'où le nom des fusées à étages.

À gauche : Une fusée *Saturn V* se sépare de son premier étage. L'intérieur d'une fusée et ses étages sont représentés à droite.

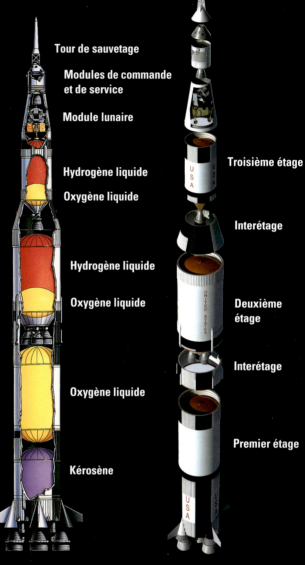

Tour de sauvetage
Modules de commande et de service
Module lunaire
Hydrogène liquide
Oxygène liquide
Troisième étage
Hydrogène liquide
Oxygène liquide
Interétage
Deuxième étage
Oxygène liquide
Interétage
Premier étage
Kérosène

Lanceur et modules *Apollo*

Étages d'une fusée

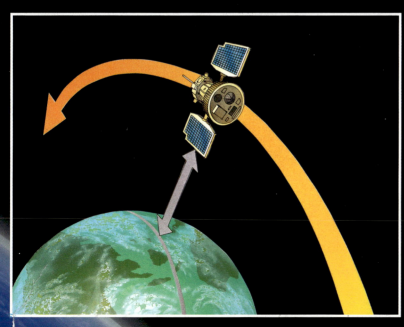

Vitesse orbitale

Il n'est pas nécessaire d'échapper complètement à la gravité terrestre pour rejoindre la Lune ou se mettre en orbite. D'ailleurs, aucune fusée habitée n'a jamais atteint la vitesse d'évasion. La vitesse nécessaire pour aller en orbite s'appelle vitesse orbitale ; elle est d'environ 7 km/s pour la Terre.

Voyager à travers l'espace

Presque tout le combustible transporté par une fusée est brûlé après le lancement pour quitter la Terre et se placer dans la bonne direction.

Une fois que la fusée a dépassé l'atmosphère, elle n'a plus besoin d'utiliser ses moteurs pour se déplacer. Elle continue sa course jusqu'à être attirée par la gravité d'une planète ou d'un autre objet.

Le premier étage d'une fusée est composé de quatre propulseurs de 20 m de long. Ils brûlent leur combustible pendant les deux premières minutes de vol et créent une poussée suffisante pour soulever la fusée. Ils se détachent ensuite de la fusée et brûlent dans l'atmosphère en retombant sur Terre.

LA FUSÉE SOYOUZ
La fusée russe *Soyouz* est utilisée pour envoyer des charges utiles militaires et civiles dans l'espace. C'est le lanceur le plus utilisé au monde. Il carbure principalement au kérosène.

Types de combustibles
Le combustible d'une fusée peut être liquide, comme l'hydrogène, ou solide, comme la poudre d'aluminium. Comme il n'y a pas d'air dans l'espace, les fusées doivent aussi embarquer de l'oxygène, sinon le combustible ne pourrait pas brûler.

Le deuxième étage de *Soyouz* s'allume pendant les deux minutes trente suivantes et se sépare à son tour du dernier étage.

L'EXPLORATION SPATIALE | 103

Charge utile
La charge utile est l'appareil qu'une fusée doit transporter dans l'espace, comme une capsule habitée ou un satellite. Les fusées sont les moyens de transport les plus coûteux : si un camion peut facilement transporter son propre poids, une fusée pèse parfois jusqu'à 40 fois plus que sa charge utile.

Le troisième étage consomme son carburant pendant six autres minutes puis ouvre sa coiffe pour libérer la charge utile.

Le quatrième étage transporte la charge jusqu'en orbite. Ici, la charge utile est un satellite de télécommunications.

Assistance gravitationnelle
Les sondes envoyées à l'autre bout du Système solaire utilisent la gravité des planètes pour continuer leur chemin : c'est l'assistance gravitationnelle. Elle permet d'adapter la vitesse et de modifier la trajectoire.

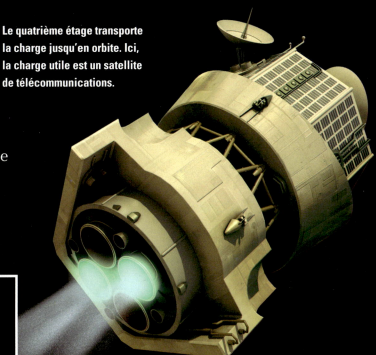

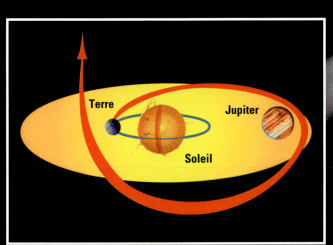

Piloter un engin spatial
Pour diriger un appareil dans l'espace, la turbine peut être montée sur un « cardan », c'est-à-dire légèrement orientée vers un côté. Une fois dans l'espace, de petits propulseurs ou des jets d'air comprimé permettent de changer de direction.

LA COURSE À L'ESPACE

Le 4 octobre 1957, *Spoutnik 1*, le premier satellite artificiel, est placé en orbite par l'URSS. C'est le début d'une course à l'espace avec les États-Unis.

Spoutnik 1 envoyait un signal radio qui pouvait être reçu dans le monde entier.

YOURI GAGARINE

Le premier homme envoyé dans l'espace fut Youri Gagarine, un pilote de l'armée russe âgé de 27 ans. Gagarine avait été choisi en raison de sa petite taille, puisque la capsule était très étroite. Il fit le tour de la Terre dans sa capsule le 12 avril 1961. Il s'éjecta ensuite de la capsule pendant la descente et atterrit en parachute. Il devint immédiatement un héros international.

Gagarine dans sa capsule

Coupe de la capsule de Youri Gagarine. Seule la partie sphérique du vaisseau est retombée sur Terre.

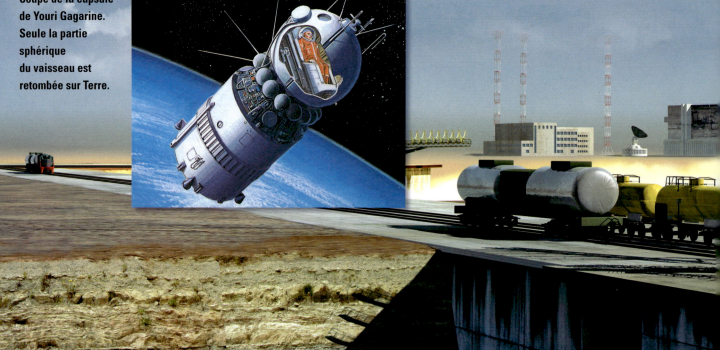

JOHN GLENN

Les États-Unis, en rivalité politique avec l'URSS, étaient déterminés à faire aussi bien. Ils y parvinrent grâce à John Glenn, un astronaute parti en orbite un an après Gagarine. Glenn réalisa trois fois le tour de la Terre. Il retourna dans l'espace dans une navette spatiale américaine 36 ans plus tard. À 77 ans, il devint l'astronaute le plus âgé de l'histoire.

La fusée *Atlas* a envoyé Glenn dans l'espace depuis la base de Cap Canaveral, en Floride.

La capsule *Mercury* était surnommée *Friendship 7*. Après un vol de près de cinq heures, elle retomba dans l'océan Atlantique.

Le voyage spatial de Gagarine a commencé avec le lancement de la fusée *Vostok-K* depuis le cosmodrome de Baïkonour, au Kazakhstan.

Missions sur la Lune

Atteindre la Lune était l'objectif de la course à l'espace et l'un des grands événements de notre histoire. Les lanceurs *Saturn V* y ont transporté des modules habités nommés *Apollo*.

MODULES LUNAIRES

Pour chaque mission, l'équipage de trois hommes d'*Apollo* a voyagé jusqu'à l'orbite de la Lune dans le module de commande (MC), rattaché au module de service (MS). Deux astronautes ont utilisé le module lunaire (ML) *Eagle* pour rejoindre la surface de la Lune. La moitié inférieure du module lunaire a été laissée sur la Lune, tandis que la partie supérieure leur a permis de retourner au module de commande.

Pour aller sur la Lune et en revenir, chaque mission américaine *Apollo* a dû parcourir plus de 700 millions de kilomètres à une vitesse record.

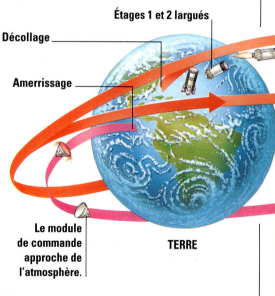

Nombreuses missions

Apollo 11 a été la première mission à toucher la Lune le 16 juillet 1969. Cinq autres alunissages ont ensuite eu lieu. Pour préparer les astronautes et tester les équipements, des missions d'entraînement *Gemini* ont été organisées en amont.

Décollage

Dans les dix minutes suivant le lancement, les deux premiers étages se vident et se détachent. Le troisième propulse les modules dans l'orbite terrestre. Une nouvelle poussée envoie *Apollo* vers la Lune.

Retour sur Terre

Après la visite du module lunaire, sa partie supérieure rejoint les modules de service et de commande restés en orbite. Seul le module de commande revient sur Terre, laissant les deux autres dans l'espace.

L'EXPLORATION SPATIALE | 107

Le décollage
Au lancement, la fusée *Saturn V* brûle en carburant l'équivalent d'une piscine toutes les dix secondes. La force au décollage multiplie par quatre le poids des astronautes.

Sur la Lune
Étant donnée la faible gravité sur la Lune, les astronautes n'avaient pas de difficulté à marcher, ou plutôt à sautiller, malgré leur encombrante combinaison.

L'amerrissage
Un bouclier empêchait le module de commande de brûler dans l'atmosphère. Les parachutes ont ralenti sa descente et il est tombé dans l'océan Pacifique.

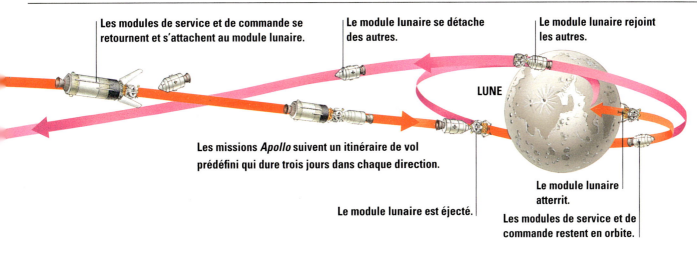

Dans l'espace

La fusée a quitté l'atmosphère à une vitesse de 38 800 km/h. Elle a ensuite progressivement ralenti en raison de la gravité terrestre, jusqu'au moment où l'attraction de la Lune est devenue plus forte, attirant la navette de plus en plus vite. Quand les moteurs étaient éteints, les astronautes flottaient en apesanteur dans leur cabine.

Orbite et alunissage

Seuls deux des trois astronautes de chaque mission *Apollo* se sont posés sur la Lune. Le troisième restait en orbite, attendant le retour de ses équipiers. Le premier alunissage a été suivi à la télévision par plus d'un cinquième de la population mondiale, qui a entendu les paroles devenues célèbres : « The *Eagle* has landed. »(L'*Aigle* s'est posé).

Des hommes sur la Lune

Seuls 12 hommes, tous Américains, ont posé le pied sur la Lune. Plus personne n'y est retourné depuis le départ d'*Apollo 17* le 19 décembre 1972. Cela s'explique en partie par le coût et la complexité des missions.

Les missions lunaires ont permis aux États-Unis de remporter la course à l'espace. Elles ont aussi rendu possibles de nouvelles découvertes scientifiques et appris comment voyager dans l'espace.

Ci-dessus : le centre de contrôle des missions *Apollo* à Houston (États-Unis)

Ci-dessus : l'écusson officiel de la première mission sur la Lune

À gauche : l'empreinte de pied de Neil Armstrong

Premières empreintes

Neil Armstrong fut le premier homme à marcher sur la Lune le 20 juin 1969, aux côtés d'Edwin "Buzz" Aldrin. Le module lunaire s'est posé dans la zone appelée mer de la Tranquillité. Pendant ce temps, Michael Collins est resté en orbite autour de la Lune.

Expériences lunaires

Aldrin et Armstrong ont eu moins de deux heures pour explorer ce nouveau monde. Ils ont ramassé des échantillons du sol et mené des expériences. Ils ont posé un détecteur de tremblements lunaires ainsi qu'un miroir spécial : un rayon laser envoyé depuis la Terre vers ce miroir a permis de mesurer la distance de la Lune à 6 cm près.

Véhicules lunaires

Les missions suivantes ont embarqué des véhicules électriques, permettant aux équipages d'explorer des zones bien plus vastes. Ces voitures pouvaient rouler jusqu'à 13 km/h. Ils ont été abandonnés sur la Lune.

Pierres précieuses

Les roches rapportées de la Lune ont été très utiles pour aider à comprendre comment et quand la Lune s'est formée *(voir p. 44)*. Des échantillons ont été envoyés aux scientifiques de plusieurs pays pour qu'ils puissent les examiner.

La navette spatiale

Les fusées spatiales coûtaient très cher et ne pouvaient être utilisées qu'une seule fois. Ce n'est que dans les années 1980 qu'une navette réutilisable a été mise au point.

VOLS DES NAVETTES
Columbia 28 vols entre 1981 et 2003 (détruite)
Challenger 10 vols entre 1983 et 1986 (détruite)
Discovery 39 vols de 1984 à 2011
Atlantis 33 vols de 1985 à 2011
Endeavour 25 vols de 1992 à 2011

Chaque navette était composée d'un orbiteur, pour l'équipage, et de trois réservoirs. Six navettes ont été construites. La première, surnommée *Enterprise* d'après le nom du vaisseau de *Star Trek*, n'a jamais servi dans l'espace.

Une navette réutilisable

À l'exception du réservoir externe, chaque navette était intégralement réutilisable. Les deux propulseurs d'appoint à combustible solide étaient largués une fois vides, mais ils étaient équipés de parachutes pour être récupérés sans dégâts. Le réservoir externe, quant à lui, brûlait dans l'atmosphère une fois utilisé.

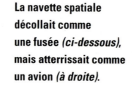

La navette spatiale décollait comme une fusée *(ci-dessous)*, mais atterrissait comme un avion *(à droite)*.

Retour sur Terre

Au terme de la mission, les fusées de l'orbiteur pivotaient et s'allumaient pour ralentir la descente. Il traversait l'atmosphère et atterrissait sur un aéroport, comme n'importe quel avion. Un parachute permettait de ralentir encore son atterrissage.

L'EXPLORATION SPATIALE | 111

Accidents de navettes

Sur les 135 vols des navettes spatiales américaines, deux se sont soldés par des catastrophes. En 1986, *Challenger* explosa 73 secondes après son envol, tuant tout l'équipage. Cet accident est attribué à un défaut de l'un des propulseurs. En raison d'une aile endommagée, *Columbia* s'est disloquée à son retour dans l'atmosphère, en 2003, entraînant une fois encore la mort de l'équipage.

Éventail de missions

Les navettes étaient conçues pour accomplir différents types de missions, comme mettre des satellites en orbite et les réparer, ou encore desservir la station *Mir (voir p. 121)* et la Station spatiale internationale *(p. 122-123)*.

En 1990, *Discovery* a mis en orbite le télescope spatial *Hubble*, sorti de la soute à l'aide d'un bras mécanique.

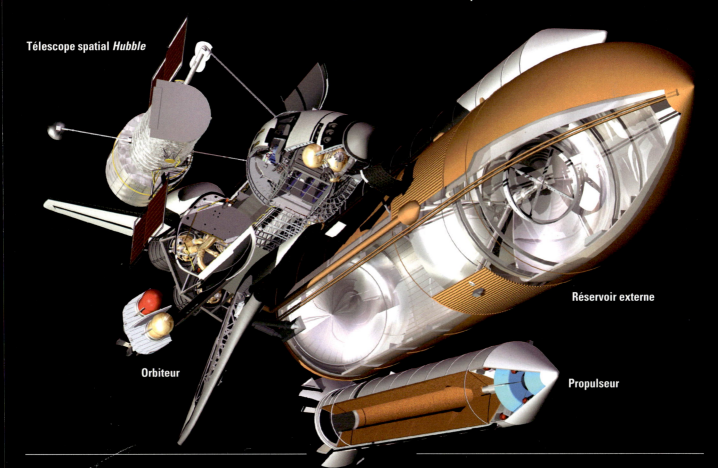

Télescope spatial *Hubble*

Orbiteur

Réservoir externe

Propulseur

LES COMBINAISONS

Il existe deux types de combinaisons spatiales : l'une est portée dans les navettes durant le lancement ou le retour dans l'atmosphère, l'autre permet de sortir dans l'espace.

Une caméra vidéo et des lampes sont fixées près du casque.

COMBINAISONS INTERNES

La combinaison utilisée pour le décollage protège l'astronaute en cas de dépressurisation. Lors de la descente sur Terre, elle compresse aussi les membres inférieurs pour éviter que le sang ne s'y accumule.

La combinaison est composée de 14 couches

SCAPHANDRES DE SORTIE

Toutes les tâches réalisées hors du vaisseau s'appellent des activités extravéhiculaires (EVA). Grâce à leurs combinaisons d'EVA, les astronautes peuvent réguler leur température, boire et se nourrir et se protéger des radiations dangereuses et du vide de l'espace. Les gaz rejetés lors de la respiration sont captés par l'équipement et remplacés par de l'oxygène. Un collecteur d'urine est également prévu.

Les combinaisons d'EVA possèdent de petits tubes transportant de l'eau chaude ou froide pour que la température reste confortable.

L'EXPLORATION SPATIALE | 113

Ce scaphandre de sortie, appelé Unité de mobilité extravéhiculaire (EMU), a été conçu pour la navette américaine.

Les combinaisons disposent aussi de moyens de communication radio et d'instruments permettant de surveiller la santé de l'astronaute.

HORS DU VAISSEAU

Généralement, les astronautes sont rattachés à la navette par des câbles et se déplacent en s'appuyant sur le vaisseau. Mais ils doivent parfois se déplacer librement dans l'espace. Pour cela, ils utilisent des unités de manœuvre qui expulsent des jets d'air comprimé pour changer de direction, comme des minifusées.

Ci-dessus : Un astronaute utilise une unité de manœuvre individuelle pour se déplacer dans l'espace.

Vivre dans l'espace

En apesanteur, la vie des astronautes est très différente. Tous les aspects de la vie sont concernés : l'alimentation, les déplacements, mais aussi le sommeil ou les besoins naturels.

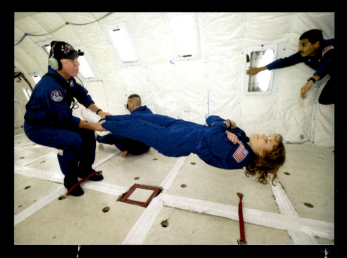

Ci-dessous : **Les apprentis astronautes flottent en apesanteur dans le fuselage d'un avion tapissé de coussins. Un technicien, les pieds attachés au sol, aide une astronaute à rester à l'horizontale.**

Entraînement

Les astronautes ont besoin d'un équipement et d'un entraînement spécifiques. Ils découvrent l'apesanteur dans des avions qui piquent vers le sol *(voir ci-contre)* et ils doivent également apprendre à supporter l'augmentation de leur poids au décollage de la fusée. Dans un vaisseau en orbite ou flottant dans l'espace, les objets n'ont pratiquement aucun poids et ne subissent que la très faible gravité du vaisseau lui-même et les faibles forces dues aux changements de vitesse. Ces effets sont appelés microgravité.

L'EXPLORATION SPATIALE | 115

Vivre dans l'espace

En microgravité, tous les objets flottent librement, comme les stylos, conçus pour écrire même la tête en bas. Les liquides forment des gouttelettes qui dérivent dans la navette et les astronautes doivent donc aspirer leurs boissons. Les toilettes sont conçues pour aspirer l'urine et les excréments. Pour dormir, les astronautes s'attachent à une paroi pour ne pas dériver.

Mal de l'espace

De nombreux astronautes éprouvent le mal de l'espace, dont les effets se dissipent rapidement. D'autres changements qui affectent le corps disparaissent plus lentement, comme l'affaiblissement des muscles et des os ou la perte de cellules sanguines. Comme la colonne vertébrale s'allonge légèrement, les astronautes grandissent même de quelques centimètres ! Le corps retrouve ensuite ses caractéristiques normales de retour sur Terre.

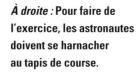

À droite : **Pour faire de l'exercice, les astronautes doivent se harnacher au tapis de course.**

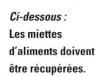

Ci-dessous : **Les miettes d'aliments doivent être récupérées.**

De longues missions

Lors des missions de longue durée, les astronautes doivent apprendre à vivre enfermés avec les mêmes personnes. Ils doivent aussi faire de l'exercice pour éviter que les muscles et les os ne s'affaiblissent trop. Le plus long séjour dans l'espace a été réalisé par Valeri Polyakov, resté 437 jours sur *Mir*.

Les satellites

Tout objet qui tourne autour d'une planète est un satellite. La Terre possède un satellite naturel, la Lune, ainsi que de nombreux satellites artificiels envoyés par l'Homme.

ORBITE DES SATELLITES

Il existe des milliers de satellites artificiels qui orbitent selon quatre itinéraires autour de la Terre.

Orbite géostationnaire
Le satellite reste en permanence au-dessus de la même partie du globe. Usages : météo, communications, navigation.

Orbite terrestre basse
Le satellite reste près de la Terre. Usages : téléphonie mobile.

Orbite polaire
Le satellite passe près des pôles Nord et Sud. Usages : navigation et météo.

Orbite elliptique haute
Le satellite parcourt un trajet ovale qui l'emmène loin de la Terre en certains points et très près en d'autres. Usage : communications.

Un objet lâché au-dessus de la Terre tombe droit sur elle, sauf s'il tourne suffisamment vite autour de la Terre : il reste alors en orbite.

Hors de portée

Un satellite doit orbiter à une altitude suffisante pour ne pas être ralenti par l'atmosphère. Au-delà, il peut se situer à n'importe quelle distance. Plus un satellite est loin, plus il voyage lentement.

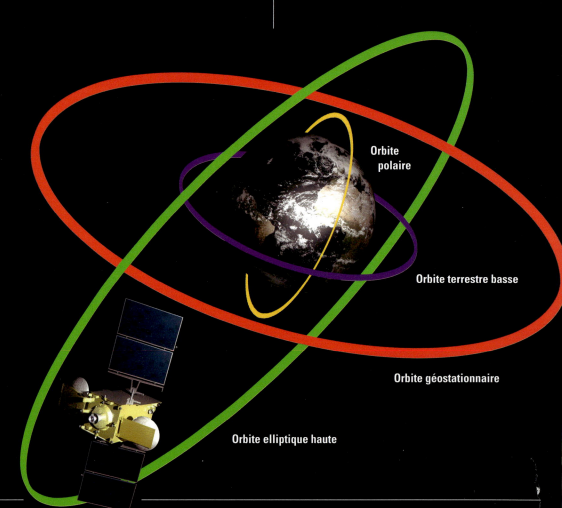

Orbite polaire

Orbite terrestre basse

Orbite géostationnaire

Orbite elliptique haute

L'EXPLORATION SPATIALE | 117

Communications par satellite

Les antennes paraboliques *(ci-dessous)* captent les signaux radios envoyés par les satellites. D'autres signaux servent à réaliser des clichés ou des cartes de la Terre ou à mesurer certaines caractéristiques de son relief.

Les lanceurs

Les fusées utilisées pour lancer des satellites dans l'espace dépendent de l'altitude à laquelle le satellite doit orbiter. Elles doivent être plus puissantes pour atteindre une orbite géostationnaire, loin au-dessus de la Terre, qu'une orbite terrestre basse.

Types de satellites

Les satellites remplissent cinq grandes fonctions : la communication (relai de signaux de télévision et de téléphone), la navigation (comme le GPS, *voir p. 118*), la météorologie (prévisions, surveillance climatique), le suivi des ressources terrestres (température des océans, affectation des sols) et des usages militaires (espionnage).

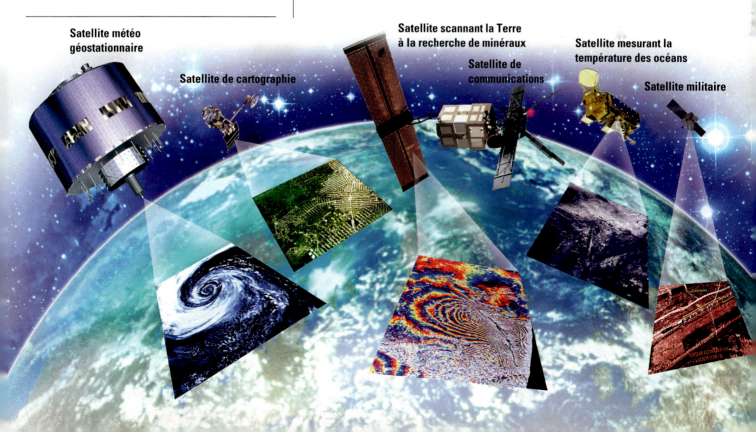

Satellite météo géostationnaire

Satellite de cartographie

Satellite scannant la Terre à la recherche de minéraux

Satellite de communications

Satellite mesurant la température des océans

Satellite militaire

NAVIGATION PAR SATELLITE

Il y a cent ans, les hommes utilisaient des cartes et des boussoles pour naviguer. Aujourd'hui, le Système de positionnement global (GPS) facilite nos déplacements.

SATELLITES GPS

Vingt-quatre satellites GPS envoient en permanence des signaux radio. En connaissant le moment auquel le signal a été envoyé d'un satellite en particulier et le moment où il est capté par un récepteur, il est possible de connaître la distance entre les deux. En se servant des données de quatre satellites simultanément, il est possible de calculer sa position.

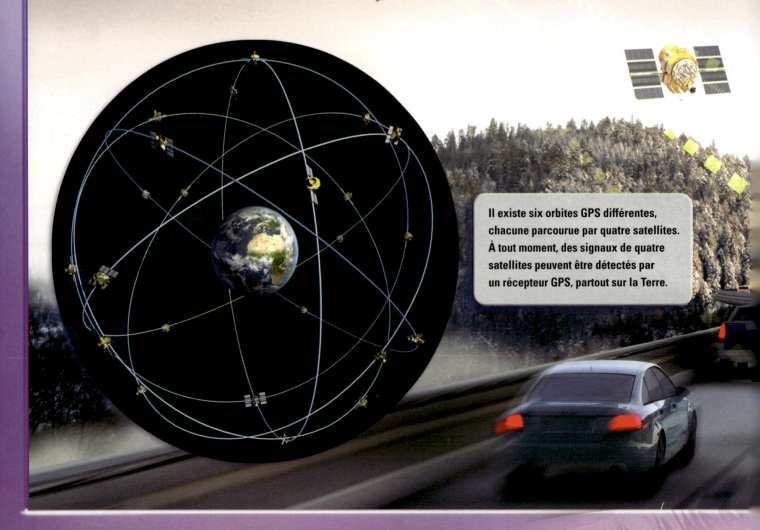

Les automobiles sont équipées de systèmes de navigation par satellite qui utilisent les données GPS et des cartes en ligne pour indiquer aux conducteurs leur position et leur itinéraire. Certains diffusent également des informations sur la circulation.

Il existe six orbites GPS différentes, chacune parcourue par quatre satellites. À tout moment, des signaux de quatre satellites peuvent être détectés par un récepteur GPS, partout sur la Terre.

L'EXPLORATION SPATIALE | 119

AUTRES SYSTÈMES

Le GPS est un système américain, mais il en existe d'autres, comme le GLONASS, développé par la Russie. Certains équipements peuvent recevoir à la fois les signaux GPS et GLONASS. L'Union européenne et l'Agence spatiale européenne mettent actuellement au point un système de navigation appelé Galileo.

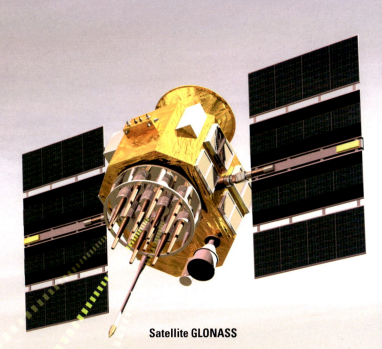

Satellite GLONASS

Les données GPS sont de plus en plus utilisées par les contrôleurs aériens pour suivre les avions.

Un GPS fournit des indications écrites et sonores ainsi que des cartes pour indiquer au conducteur où il se trouve.

Le GPS fonctionne aussi sur des terminaux de communication comme les téléphones portables et les tablettes.

Les stations spatiales

Une station spatiale est un satellite pouvant accueillir des astronautes. À ce jour, quatre ont été construits : *Salyut 1* et *Mir* (soviétiques), le *Skylab* (américain) et la Station spatiale internationale (voir p. 122-123).

Les stations spatiales permettent de mener des expériences en microgravité et de réaliser des observations astronomiques en dehors de l'atmosphère. Le fonctionnement du corps humain dans l'espace peut aussi être étudiée.

Premiers essais

La première station spatiale, *Salyut 1*, a été lancée en orbite en 1971. Son orbite étant trop basse, l'atmosphère a ralenti sa course et elle a fini par s'écraser sur Terre cinq mois plus tard. Mais la mission fut un succès et 22 cosmonautes (le terme soviétique pour astronaute) s'y sont rendus en dix voyages.

À gauche : le *Skylab* a été lancé en 1973. Trois équipages de trois astronautes y ont travaillé.

L'EXPLORATION SPATIALE

Module central de Mir

Mir a été envoyée en plusieurs pièces. Le module central, lancé en 1986, pouvait abriter 6 cosmonautes. Mir est restée en orbite durant 15 ans et a parcouru plus de 76 000 fois le tour de la Terre.

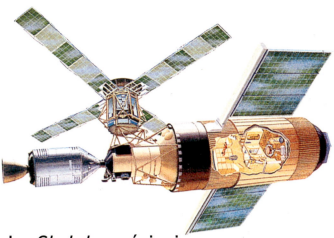

Le *Skylab* américain

Le *Skylab* a été construit avec les pièces d'*Apollo* : l'élément le plus grand est issu du troisième étage de la fusée *Saturn V*. Le bouclier thermique a été détruit lors de la mise en orbite et les astronautes ont dû en construire un nouveau pour protéger le *Skylab* du Soleil.

L'assemblage de *Mir*

Durant les dix années suivantes, cinq modules ont été ajoutés, ainsi qu'un module d'amarrage pour les navettes spatiales. Des véhicules non habités *(Progress)* ravitaillaient la station, tandis que les équipages y accédaient par des capsules *Soyouz* ou par la navette spatiale.

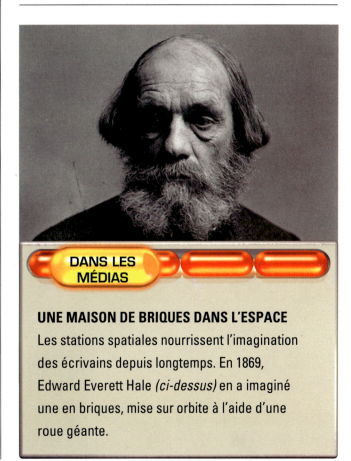

DANS LES MÉDIAS

UNE MAISON DE BRIQUES DANS L'ESPACE

Les stations spatiales nourrissent l'imagination des écrivains depuis longtemps. En 1869, Edward Everett Hale *(ci-dessus)* en a imaginé une en briques, mise sur orbite à l'aide d'une roue géante.

UN LABORATOIRE SPATIAL

La Station spatiale internationale (ISS) est un laboratoire scientifique assemblé en orbite par 16 pays. Elle est tellement grande qu'on peut facilement la voir à l'œil nu depuis la Terre.

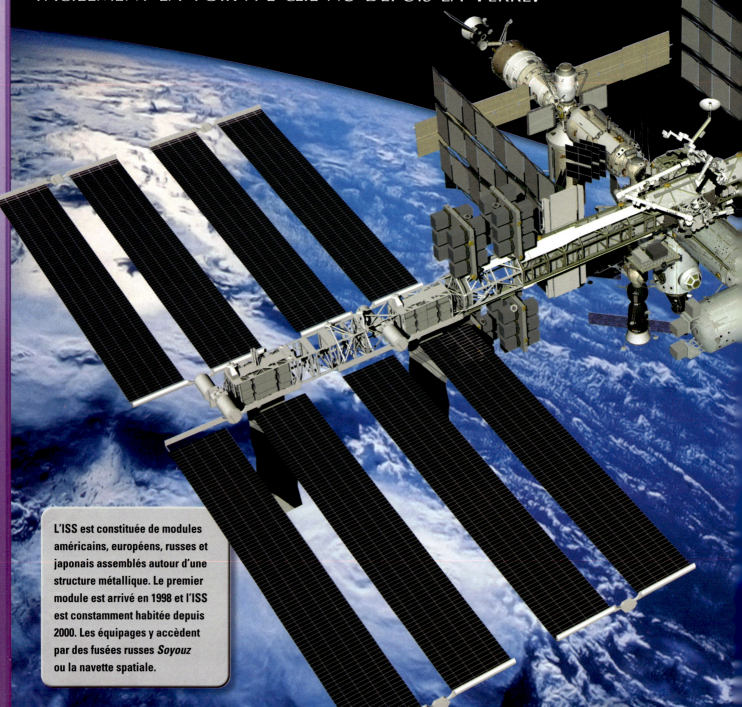

L'ISS est constituée de modules américains, européens, russes et japonais assemblés autour d'une structure métallique. Le premier module est arrivé en 1998 et l'ISS est constamment habitée depuis 2000. Les équipages y accèdent par des fusées russes *Soyouz* ou la navette spatiale.

L'EXPLORATION SPATIALE

L'ISS dispose de panneaux solaires pour produire de l'électricité. Il lui faut 90 minutes pour faire le tour de la Terre, dont 35 minutes en pleine obscurité. Pendant ce temps, l'ISS fonctionne sur des batteries qui se rechargent une fois que le Soleil est à nouveau visible.

SCIENCES DANS L'ESPACE

Les équipages de l'ISS mènent des expériences dans différents domaines, de la médecine spatiale à la biologie, en passant par la météorologie et l'astronomie. Ils ont notamment étudié les effets de la microgravité sur les plantes (voir ci-dessus).

TRAVAILLER DANS L'ESPACE

Les membres d'équipage travaillent dix heures par jour en semaine et cinq heures le samedi. Sur l'ISS, le Soleil se lève et se couche 16 fois en 24 heures, mais les astronautes restent en phase avec les jours et nuits terrestres et dorment huit heures par jour. Ils disposent pour cela de compartiments insonorisés et de sacs de couchage fixés aux murs.

Les sondes spatiales

Une sonde spatiale est un appareil envoyé dans l'espace pour explorer d'autres planètes ou objets. Plus d'une centaine ont été envoyées vers toutes les planètes du Système solaire, de nombreuses lunes et plusieurs comètes et astéroïdes.

Les sondes présentent plusieurs avantages : elles n'ont pas besoin de protection, d'air ou de nourriture. De plus, elles ne reviennent généralement pas sur Terre, ce qui permet d'économiser du carburant.

Grand Tour

À la fin du XXe siècle, les quatre planètes géantes (Jupiter, Saturne, Uranus et Neptune) étaient dans l'alignement de la Terre. *Voyager 2* a donc pu toutes les survoler. Cette mission était connue sous le nom de Grand Tour planétaire.

TYPES DE SONDES

Les **sondes de survol** passent près d'un objet pour prendre des photos et des mesures.

Les **orbiteurs** tournent autour d'un objet pour rassembler des informations sur une longue période.

Les **atterrisseurs** visitent la surface de planètes ou lunes, mais ne peuvent pas s'y déplacer.

Les **astromobiles** se déplacent à la surface des planètes.

Les **sondes de prélèvement** récupèrent des échantillons et les renvoient sur Terre.

Ci-dessous : la sonde *Voyager 2* a visité les quatre planètes gazeuses du Système solaire.

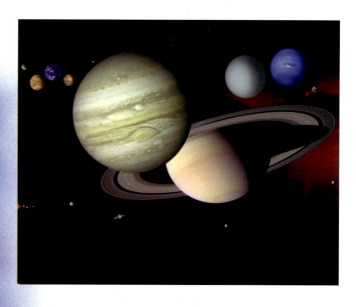

Survol et orbiteurs

Les premiers types de sondes sont les missions de survol. Ce sont les seules à s'être approchées d'Uranus et de Neptune. Les orbiteurs ont exploré Mercure, Vénus, Mars, Jupiter, Saturne ainsi que des astéroïdes, la Lune et le Soleil.

L'EXPLORATION SPATIALE | 125

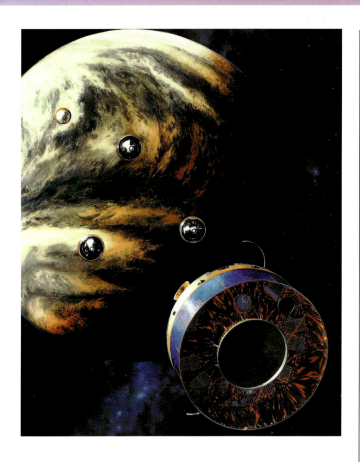

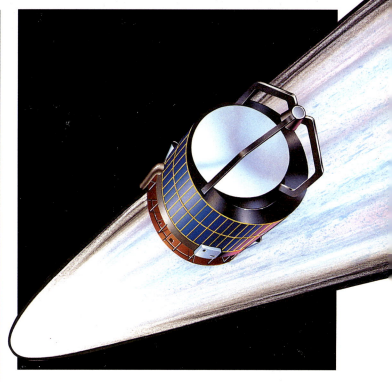

Pioneer Venus

La mission multisonde *Pioneer Venus* a envoyé quatre modules dans l'atmosphère de Vénus en 1978, chacune vers une partie différente de la planète. Après avoir largué les modules, la sonde est elle-même tombée dans l'atmosphère pour réaliser des mesures.

Giotto

Giotto a survolé la comète de Halley *(voir p. 63)* en 1986. Elle tire son nom du peintre italien qui avait représenté la comète en 1301. La sonde devait être détruite en passant si près de la comète ; elle fut en fait seulement endommagée par des particules de poussières et put même explorer une autre comète, Grigg-Skjellerup, en 1992.

Sur Mercure

BepiColombo est une double sonde qui devrait atteindre Mercure en 2019. L'une des sondes cartographiera la planète pendant que l'autre étudiera son champ magnétique. *BepiColombo* sera dirigée par propulsion électrique solaire, un système plus durable que les fusées (plusieurs années au lieu de quelques minutes).

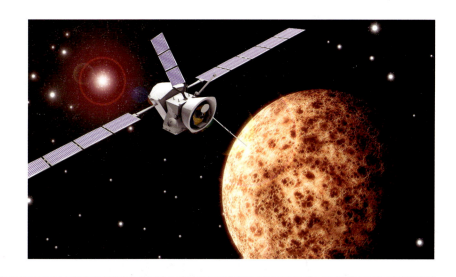

Atterrisseurs et astromobiles

Des atterrisseurs se sont posés sur Vénus, la Lune, Mars, Titan et un astéroïde. Une comète a été explorée par un atterrisseur spécial, appelé impacteur, qui s'est écrasé sur la comète, rejetant des débris analysés par les astronomes.

Les astromobiles n'ont été utilisées que sur Mars et la Lune. Sur Mars, ces engins devaient parfois prendre des décisions eux-mêmes, les instructions radios mettant trop de temps à leur parvenir depuis la Terre.

LES ASTROMOBILES
Les dates sont celles des atterrissages.

Lune
Lunokhod 1 (URSS), mer des Pluies, 17 novembre 1970

Lunokhod 2 (URSS), mer de la Sérénité, 15 janvier 1973

Mars
Sojourner (États-Unis), Ares Vallis, 4 juillet 1997

Spirit (États-Unis), cratère Gusev, 3 janvier 2004

Opportunity (États-Unis), Terra Meridiani, 24 janvier 2004

Huygens sur Titan
L'orbiteur *Cassini* a envoyé un atterrisseur de la taille d'une voiture, *Huygens*, sur Titan en 2005. En traversant l'atmosphère en parachute *(ci-contre)*, la sonde a envoyé des informations et pris des photos du paysage. Il lui a fallu plus de deux heures pour se poser.

Sojourner

Des parachutes, des rétrofusées et des coussins gonflables ont été utilisés pour l'atterrissage de *Sojourner* sur Mars. Le robot était équipé d'un instrument appelé spectromètre alpha-proton-rayons X, utilisé pour connaître la composition exacte du sol martien.

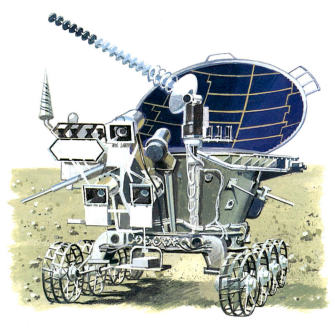

Lunokhod 1 et 2

Si les Américains ont été les premiers à se poser sur la Lune, les premiers robots à y arriver étaient soviétiques. *Lunokhod 1* et *2* travaillaient durant le jour grâce à l'énergie solaire. Les sondes emportaient de nombreux instruments de mesure ainsi que des caméras. Elles disposaient également d'un système leur permettant de s'arrêter pour éviter de tomber dans un ravin ou de surchauffer.

ExoMars

Le lancement d'*ExoMars* est prévu pour 2018. Cet astromobile très évolué sera capable de forer à deux mètres de profondeur dans le sol martien et d'analyser les échantillons sur place pour chercher des traces de vie. *ExoMars* pourra se diriger tout seul en photographiant la surface et en réalisant des cartes en trois dimensions. Le voyage vers Mars durera neuf mois environ, et un parachute permettra un atterrissage en douceur.

Les grandes dates

Les scientifiques ont étudié et préparé les voyages dans l'espace bien avant la construction du premier astronef. Au cours des décennies suivantes, nos engins ont parcouru tout le Système solaire.

1687 Isaac Newton publie sa troisième loi du mouvement : « Pour toute action, il y a une réaction équivalente et opposée. » C'est la loi la plus importante pour les voyages stellaires.
1883 Constantin Tsiolkovski publie sa théorie sur les fusées spatiales.
1926 Robert Goddard lance la première fusée à combustible liquide.
1957 *Spoutnik 1*, premier satellite artificiel, est envoyé dans l'espace.
1957 La chienne Laïka est envoyé en orbite à bord de *Spoutnik 2*.
1959 *Luna 1*, premier appareil à s'approcher de la Lune, est lancée.
1959 *Luna 2* devient le premier objet artificiel à toucher la Lune.
1960 *Tiros 1*, premier satellite météorologique, est envoyé dans l'espace.
1961 Le Russe Youri Gagarine est le premier homme dans l'espace.
1961 J. F. Kennedy, président des États-Unis, présente un projet pour atteindre la Lune d'ici 1970.
1962 *Mariner 2* vole jusqu'à Vénus. C'est la première sonde à approcher une autre planète.
1963 La Russe Valentina Tereshkova est la première femme dans l'espace.
1964 Trois personnes vivent dans l'espace à bord de *Voskhod 1*.
1965 Le Russe Alexei Leonov est le premier homme à sortir dans l'espace.
1966 *Luna 9*, premier atterrisseur, se pose sur la Lune.
1969 La mission *Apollo 11* amène des hommes sur la Lune.
1970 *Lunokhod 1* explore la Lune.
1971 Lancement de la première station spatiale *Salyut 1*.
1971 La sonde *Mariner 9* orbite autour d'une autre planète (Mars).
1972 *Pioneer 10* est lancée ; c'est la première sonde à survoler les planètes gazeuses.
1978 Le premier satellite de positionnement est mis en orbite.
1981 Premier lancement de la navette spatiale américaine *Columbia*.
1998 Lancement du premier module de la Station spatiale internationale.
2011 Dernier vol de la navette spatiale.

Panorama du cratère Santa Maria sur Mars, réalisé par le robot d'exploration *Opportunity*.

SITES INTERNET SUR LES VOYAGES DANS L'ESPACE

www.nasa.gov   Site en anglais. Toute l'actualité de la NASA.

www.dinosoria.com/trou_noir   Les trous noirs peuvent-ils servir à voyager dans l'espace ?

www.savoirs.essonne.fr/dossiers/lunivers/exploration-spatiale   Site du Conseil général de l'Essonne. Les nouvelles avancées en matière d'exploration spatiale.

L'ESPACE, DEMAIN

L'ère spatiale a commencé il y a seulement quelques dizaines d'années et nous avons déjà visité la Lune et envoyé des sondes dans tout le Système solaire. Personne ne peut savoir avec certitude où nous nous rendrons à l'avenir, ni comment, mais voici quelques idées.

Les avions spatiaux

Un avion spatial peut à la fois voler comme un avion et voyager dans l'espace grâce à des fusées. La navette spatiale était de loin l'avion spatial le plus célèbre, mais ce n'était pas la seule.

LES AVIONS SPATIAUX

X-15
A volé de 1959 à 1968
Exemplaires : 3

Navette spatiale
A volé de 1981 à 2011
Exemplaires : 6

SpaceShipOne
A volé de 2003 à 2004
Exemplaires : 1

X-37
En vol depuis 2006
Exemplaires : 2

La navette spatiale était un avion-fusée orbital : elle pouvait se mettre en orbite autour de la Terre. Son dernier vol a eu lieu en juillet 2011. Les avions spatiaux suborbitaux n'ont pas besoin de voler aussi haut.

Le premier avion spatial
Le premier avion spatial suborbital était le *X-15*. Un bombardier *B-52* le transportait pendant la première partie du trajet, puis ses propres fusées l'emmenaient dans l'espace.

Le *VentureStar*
Le *Venture Star* devait remplacer la navette spatiale afin de lancer des satellites de manière plus économique. Ce véhicule robotisé aurait pu transporter des personnes, mais il n'a jamais été construit.

Ci-dessous : Le *X-15* après un vol de reconnaissance et le *B-52* volant à faible altitude

L'ESPACE, DEMAIN | 131

À droite : Le Boeing *X-37* (premier vol en 2010) est un avion spatial robotisé orbital expérimental américain. Une fusée *Atlas V* le soulève et il atterrit comme un avion.

Au-dessus et à gauche : Le *SpaceShipTwo* est un descendant du *SpaceShipOne* conçu pour transporter des passagers, le billet coûtant environ 200 000 dollars.

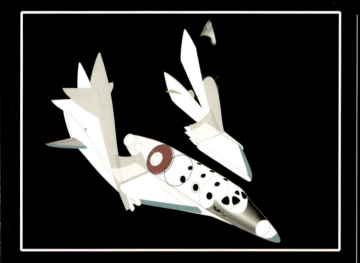

Nouveaux concepts
Un nouvel avion spatial britannique, le *Skylon*, pourrait être le tout premier vaisseau spatial à atteindre son orbite sans larguer ses réservoirs de carburant. Ses moteurs pourraient fonctionner dans et hors de l'atmosphère et il serait entièrement réutilisable.

Les *SpaceShips*
Les premiers avions spatiaux étaient financés par des gouvernements, mais ce n'est plus toujours le cas. Le *SpaceShipOne* est le premier avion spatial suborbital financé par un particulier. Il pouvait transporter un pilote et deux passagers. Paul Allen, un milliardaire américain, a financé entièrement sa production. Une nouvelle version, le *SpaceShipTwo*, devrait bientôt être lancée.

Mission sur Mars

Mars est 140 fois plus éloignée de la Terre que la Lune. Une mission sur Mars serait donc plus longue, complexe, risquée et coûteuse que les missions *Apollo*.

Les derniers projets de voyages vers Mars sont américains : la NASA lancerait un vaisseau spatial habité vers 2030. La mission durerait plus d'un an avec plusieurs semaines sur Mars.

La mission
Des robots seraient d'abord envoyés sur Mars pour des tests et préparer l'atterrissage d'un équipage. Le carburant du trajet retour serait probablement produit sur place. États-Unis, Russie, Chine et Union européenne ont tous programmé des vaisseaux en mesure d'atteindre Mars.

Les conditions sur Mars
Mars est la planète du Système solaire la plus semblable à la Terre, mais son atmosphère est très fine et les êtres humains auraient besoin de combinaisons pour vivre à sa surface.

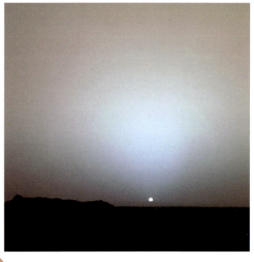

Ci-dessus : Lever du Soleil sur Mars photographié par un atterrisseur

Les astronautes utiliseront des véhicules pour se déplacer et des panneaux solaires pour produire de l'électricité.

L'ESPACE, DEMAIN | 133

Vaisseaux martiens
Voici une vue imaginée d'un vaisseau spatial que l'agence spatiale américaine, la NASA, a conçu pour atteindre Mars. On le voit ici décoller pour revenir sur Terre.

La base
Des astronautes auraient besoin de construire une base sur Mars. Des plantes seraient élevés sous serre pour obtenir de la nourriture et de l'oxygène. À l'intérieur de la base, la pression de l'air et la température seraient les mêmes que sur Terre. Les astronomes devraient se protéger des dangereuses radiations qui traversent l'atmosphère martienne.

AU CINÉMA

MISSION TO MARS
Dans le film de science-fiction *Mission to Mars* (2000), des astronautes sont envoyés sur Mars après le désastre du premier voyage habité vers cette planète. Bien que les conditions sur Mars soient plus dures que dans le film, les problèmes rencontrés par l'équipe sont réels : les astronautes doivent par exemple produire de la nourriture, de l'eau et de l'oxygène.

PROPULSEURS DU FUTUR

Pour l'instant, les vaisseaux spatiaux utilisent des fusées pour quitter la Terre et réaliser leur voyage. Mais le carburant des fusées est cher et lourd et de nouvelles méthodes sont à l'étude.

VOILES SOLAIRES

Le Soleil envoie dans l'espace de grandes quantités de radiations qui exercent une pression sur tout ce qu'elles touchent. Cette pression pourrait être utilisée pour déplacer de grandes voiles solaires.

Le principal problème des voiles solaires est qu'elles ne peuvent être utilisées que pour s'éloigner du Soleil.

Ci-dessous : **La poussée des radiations sur la voile est plutôt faible, mais elle est constante : la voile prend donc progressivement de la vitesse.**

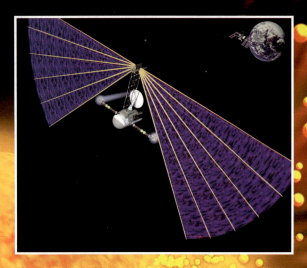

L'ESPACE, DEMAIN | 135

PROPULSION IONIQUE

Dans un système à propulsion ionique, les électrons arrachés aux atomes produisent des ions. Un champ électrique fait gicler les ions à grande vitesse, ce qui pousse le vaisseau dans l'autre direction. Ce type de propulsion a déjà été testé sur des vaisseaux spatiaux.

Les atomes sont séparés en ions et électrons.

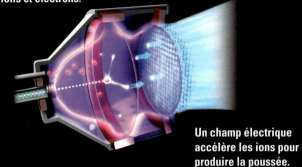

Un champ électrique accélère les ions pour produire la poussée.

PROPULSION NUCLÉAIRE

À la différence de la propulsion ionique et des voiles solaires, les systèmes de propulsion nucléaire peuvent produire une poussée très forte. Le type le plus simple est basé sur la fission, comme dans les centrales nucléaires, mais cela engendre de la pollution. Les études portent donc sur la fusion, un système plus propre qui émet de l'énergie comme le Soleil.

ASCENSEUR SPATIAL

Un satellite géostationnaire reste constamment à 35 786 km au-dessus d'un point de la Terre. Un énorme câble pourrait le relier au sol et des ascenseurs pourraient transporter des personnes le long de ce câble.

À droite : **Une future fusée à propulsion nucléaire. Elle est profilée ainsi pour se déplacer facilement dans l'atmosphère de la Terre.**

Ressources à exploiter

Jusqu'à maintenant, l'espace a représenté un endroit où envoyer des satellites. À l'avenir, il sera peut-être possible de l'utiliser comme source d'énergie et de matériaux.

Utiliser les ressources spatiales sera très utile pour les futurs voyageurs de l'espace, les personnes restant sur Terre et celles qui, un jour, iront vivre sur d'autres planètes.

L'énergie solaire

Des vaisseaux spatiaux utilisent déjà des cellules photovoltaïques pour produire de l'électricité. À l'avenir, on pourrait collecter l'énergie solaire que l'on renverrait sur Terre sous forme de rayons laser ou de micro-ondes.

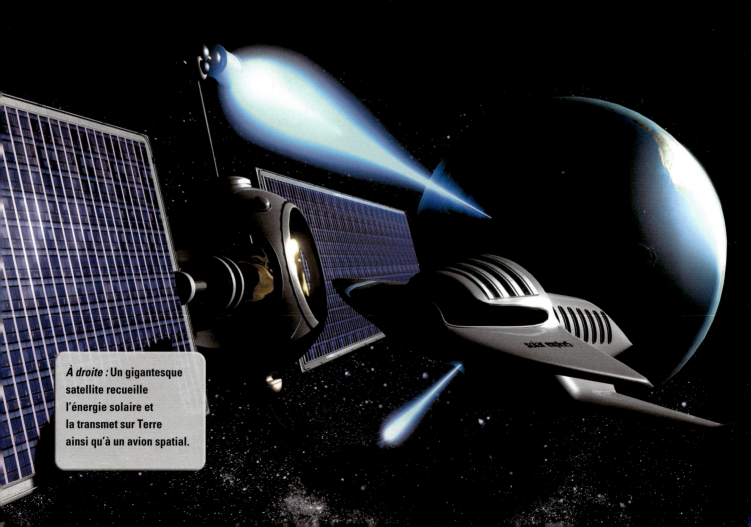

À droite : Un gigantesque satellite recueille l'énergie solaire et la transmet sur Terre ainsi qu'à un avion spatial.

L'ESPACE, DEMAIN | 137

À droite : Des remorqueurs spatiaux approchent un astéroïde de la Terre afin d'y construire une mine tandis qu'un réseau orbital de panneaux solaires envoie de l'énergie sur Terre.

Exploitation des astéroïdes

De nombreux astéroïdes contiennent des métaux et d'autres substances utiles. Leur gravité est très faible et le transport de ces matériaux demande donc peu d'énergie. On pourrait aussi les utiliser pour construire des objets dans l'espace ou produire de l'eau potable ou du carburant pour les astronautes.

De l'eau sur la Lune

En 2009 et 2010, des sondes spatiales ont probablement détecté la présence d'épaisses couches de glace près du pôle Nord de la Lune. Il y aurait au moins 600 millions de tonnes de glace, essentielles pour de futures bases lunaires. La glace a pu se former sur la Lune ou être déposée par des comètes (voire les deux).

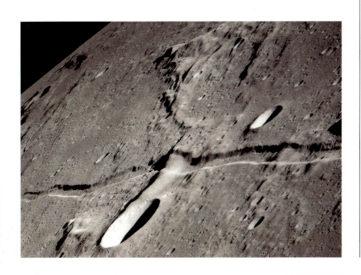

AU CINÉMA

AVATAR

Avatar (2009) se passe à la moitié du XXIIe siècle. Les humains extraient un métal précieux sur Pandora, une lune d'une planète géante, sur laquelle vit la tribu des Na'Vis, humains hybrides. Certains détails de l'histoire sont très scientifiques, mais aucun hybride n'a encore été créé et nous n'avons pas découvert de vie sur d'autres planètes.

BASE LUNAIRE

Une base lunaire présente de nombreux avantages. La Lune renferme des minéraux et des métaux précieux, faciles à déplacer du fait de la très faible gravité. Elle pourrait être aussi un relais pour des missions plus lointaines.

VÉHICULES DE TRANSPORT

Les astronautes utilisent des véhicules électriques pour se déplacer. Des fusées habitées ou robotisées et des avions spatiaux transportent les métaux vers la Terre, tandis qu'un vaisseau spatial habité décolle pour Mars.

NOUVELLE VISION DE L'ESPACE

Une base avec un radiotélescope pourrait être construite de l'autre côté de la Lune. La Terre est toujours sous l'horizon de ce côté, ce qui éliminerait toute interférence radio. L'observatoire pourrait étudier des signaux radios très faibles en provenance de l'espace.

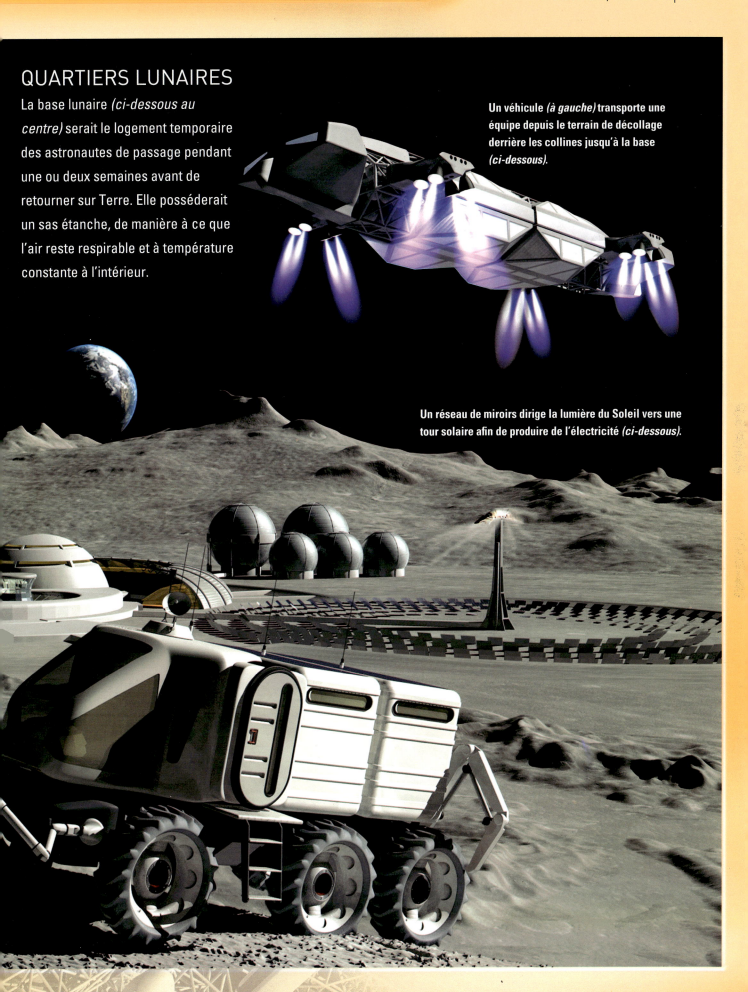

QUARTIERS LUNAIRES

La base lunaire *(ci-dessous au centre)* serait le logement temporaire des astronautes de passage pendant une ou deux semaines avant de retourner sur Terre. Elle posséderait un sas étanche, de manière à ce que l'air reste respirable et à température constante à l'intérieur.

Un véhicule *(à gauche)* transporte une équipe depuis le terrain de décollage derrière les collines jusqu'à la base *(ci-dessous)*.

Un réseau de miroirs dirige la lumière du Soleil vers une tour solaire afin de produire de l'électricité *(ci-dessous)*.

L'ESPACE, DEMAIN | 139

BASE MARTIENNE

Atteindre Mars est beaucoup plus difficile que d'aller sur la Lune. Cependant, les conditions sur cette planète sont plus proches de celles de la Terre et il serait peut-être plus facile d'y établir une colonie.

À droite : Un puissant système radio à énergie solaire permet à la colonie de rester en contact avec la Terre.

CHOIX DU SITE

Mars est plus froide que la Terre : il faudrait donc construire une colonie près de l'équateur, voire en partie sous terre afin de protéger les astronautes des dangereuses radiations solaires et des températures extrêmes, deux phénomènes liés à l'absence d'atmosphère épaisse sur Mars.

L'ESPACE, DEMAIN | 141

LA TERRAFORMATION

Il sera peut-être possible de terraformer Mars, c'est-à-dire d'en changer les conditions afin qu'elle ressemble plus à la Terre. Des miroirs en orbite pourraient réfléchir plus de lumière solaire vers la surface afin de libérer des gaz gelés. L'atmosphère s'épaissirait et l'eau pourrait exister à la surface sous forme liquide. Les plantes pourraient alors pousser et libérer de l'oxygène dans l'air.

Ci-dessous : **Sur Mars, la gravité et les vents sont faibles, les bâtiments n'auraient donc pas besoin d'être aussi robustes que sur Terre.**

LA VIE DE LA BASE

Mars est tellement éloignée qu'il serait préférable de tout produire sur place. L'atmosphère étant fine, il serait cependant facile d'utiliser l'énergie du Soleil, et la planète dispose de grandes quantités de glace pour fournir de l'eau.

La vie dans l'espace

Dans quelques milliards d'années, le Soleil brûlera la surface de la Terre. Les humains devront quitter la Terre avant que cela ne se produise et s'installer ailleurs dans l'espace.

La première étape consisterait à transporter des matériaux vers les bases. Puis des robots pourraient y être envoyés afin de rendre les conditions acceptables pour les humains.

Gravité artificielle

L'absence de gravité est un problème pendant les longues missions car les os et les muscles s'affaiblissent et le sang se modifie. Un vaisseau spatial tournant sur lui-même produit un effet proche de la gravité. Les objets et les personnes « collent » au sol comme des vêtements dans un sèche-linge.

Voyages solitaires

Les voyageurs de l'espace devront tout prendre avec eux : la seule chose disponible dans l'espace est en effet l'énergie de la lumière du Soleil, qui diminue au fur et à mesure que l'on s'en éloigne.

L'ESPACE, DEMAIN | 143

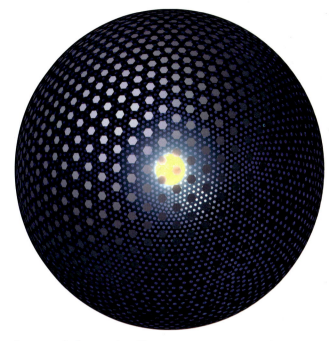

Recyclage dans l'espace

Plutôt que de transporter d'énormes quantités de vivres et d'air, les grandes stations spatiales pourraient embarquer des plantes, qui fournissent aussi bien de la nourriture que de l'oxygène et absorbent les gaz rejetés. Elles pourraient même être utilisées afin de créer des parcs et des jardins.

La sphère de Dyson

De nombreuses personnes pourraient vivre à l'intérieur de sphères construites autour des étoiles. Ces sphères pourraient capturer les radiations d'une étoile et fournir l'énergie nécessaire aux vaisseaux spatiaux. Elles seraient composées de nombreuses sections séparées, en orbite autour de l'étoile.

Vaisseaux générationnels

Ces vaisseaux constituent une autre manière d'atteindre les étoiles. L'équipage de départ passerait sa vie à bord, tout comme ses enfants et petits-enfants ; seuls leurs lointains descendants atteindraient réellement les étoiles. Un tel vaisseau devrait donc être énorme. Il serait totalement coupé de la Terre et l'équipage devrait donc pouvoir résoudre ses problèmes seul et probablement décider où finir le voyage.

Vaisseaux spatiaux

Construire un vaisseau spatial interstellaire n'est pas le plus difficile : les sondes *Pioneer* et *Voyager* finiront par atteindre d'autres étoiles. Le problème est la durée du voyage : il faudrait voyager pendant plus d'une vie humaine !

Voyager vers une autre étoile nous isolerait totalement. Même dans le cas de l'étoile la plus proche, la réponse à un message radio mettrait huit ans. Une solution consisterait à ce que des enfants naissent à bord pour que l'équipage survive au voyage.

Navettes d'exploration
Un vaisseau spatial serait trop grand pour atterrir sur un autre monde. Il devrait donc transporter des navettes afin de visiter les planètes *(ci-dessous)* pendant qu'il resterait en orbite ou continuerait son voyage.

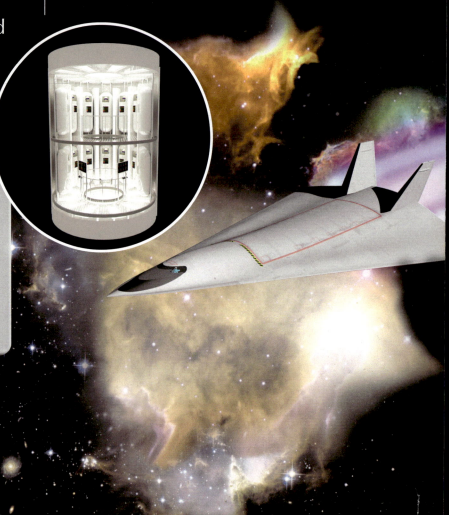

Un voyage glacial
Des petits animaux peuvent être gelés puis réanimés. Si cette solution est possible pour les humains, elle permettrait d'affronter de longs voyages dans l'espace. Dans ce modèle à droite, chaque cellule contiendrait un membre de l'équipage.

L'ESPACE, DEMAIN | 145

La fusion

Un procédé de fusion nucléaire inspiré du fonctionnement des étoiles pourrait être utilisé pour alimenter les vaisseaux spatiaux. L'union d'atomes de deutérium et de tritium – deux formes d'hydrogène – produit de l'hélium et libère beaucoup d'énergie.

À gauche : Cette image montre en rouge une structure métallique utilisant un immense champ électrique pour capturer des particules chargées électriquement, ce qui crée une masse de réaction *(voir en bas à gauche)*.

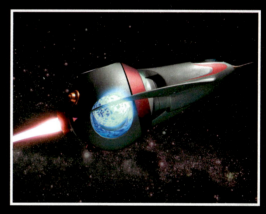

Stratofusée interstellaire

Un vaisseau spatial a besoin d'une masse de réaction vers l'arrière lorsqu'il avance. La stratofusée interstellaire *(à droite)* collecte les gaz présents dans l'espace afin de les utiliser de cette manière.

Vaisseaux à antimatière

L'antimatière, lorsqu'elle entre en contact avec la matière ordinaire, crée d'énormes quantités d'énergie, qui suffirait à propulser un vaisseau spatial. Les scientifiques peuvent produire de l'antimatière, mais seulement en laboratoire.

LA VIE AILLEURS

Il est probable que de nombreuses étoiles possèdent des planètes en orbite : plus de 400 exoplanètes (orbitant autour d'une étoile autre que le Soleil) ont été découvertes depuis 1992. Certaines ressemblent assez à la Terre pour que la vie s'y soit développée.

L'ASPECT DES EXTRATERRESTRES

À ce jour, aucune forme de vie n'a été trouvée en dehors de la Terre. Si des extraterrestres existent, ils ont probablement évolué de manière à s'adapter à leurs conditions de vie, mais nous n'avons aucune idée de leur apparence possible. Certains pourraient être bien plus intelligents que nous, ou plus grands et plus forts.

UN MONDE DANS LES NUAGES

Des formes de vie extraterrestres pourraient exister dans des conditions extrêmement rudes. L'image ci-dessus représente les habitants d'une planète imaginaire entourée d'une atmosphère épaisse et chaude.

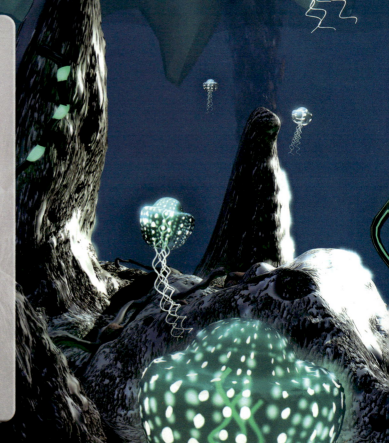

L'ESPACE, DEMAIN | 147

MONDES AQUATIQUES

Au fond des océans vivent des créatures qui tirent leur énergie de l'activité volcanique. Dans notre Système solaire, certaines lunes disposent aussi de sources de chaleur enfouies sous leur surface glacée. Il est possible que ces conditions existent ailleurs et abritent des formes de vie.

Sur cette image, un vaisseau a atterri sur une planète recouverte de glace et a envoyé un robot explorer les océans.

Les créatures pourraient communiquer et chasser grâce à la lumière émise par les substances chimiques de leur corps.

Contact extraterrestre

Pendant longtemps, les hommes ont scruté le ciel en se demandant : « Sommes-nous seuls dans l'Univers ? ». Si de nombreuses personnes pensent que la vie existe ailleurs, aucune preuve n'a encore été trouvée.

Les scientifiques sont à l'écoute d'éventuels signaux radios d'autres civilisations. Des signaux ont été également envoyés depuis la Terre.

Visiteurs de l'espace
Un jour peut-être, un vaisseau extraterrestre se posera sur la Terre. L'aspect et le fonctionnement de tels vaisseaux pourraient être très différents de ce que nous imaginons.

OVNI
Des lumières inexpliquées dans le ciel sont parfois appelées « objets volants non identifiés », mais il n'y a aucune preuve que ce soient des engins extraterrestres. En 1995, un film a été diffusé montrant l'autopsie prétendue d'un extraterrestre.

À gauche : Sur cette image, une navette décolle d'un vaisseau spatial pour explorer la Terre.

L'ESPACE, DEMAIN | 149

À l'écoute de la vie

Plusieurs radiotélescopes ont été utilisés pour capter des signaux extraterrestres, comme celui-ci à Arecibo (Mexique). Ces projets sont appelés Recherche d'une intelligence extraterrestre (SETI). Le résultat le plus intéressant remonte à 1977, lorsqu'une vague soudaine d'ondes radio a été détectée par le télescope Big Ear de l'université d'Ohio. C'est le signal « Wow ! », d'après les mots que l'observateur a inscrits sur le rapport d'observation. Ce phénomène reste inexpliqué.

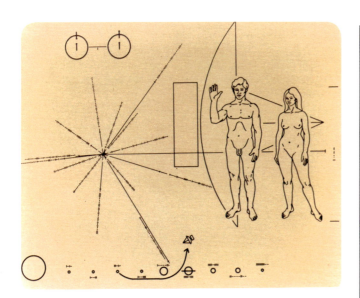

Bouteilles à la mer

Dans des dizaines de milliers d'années, les sondes *Pioneer* et *Voyager* passeront près d'autres systèmes stellaires. Une plaque *(ci-dessus)* posée sur *Pioneer* comporte un message pour d'éventuels extraterrestres ainsi que la représentation d'un homme et d'une femme. Les sondes *Voyager* transportent des disques en or contenant des images et des sons de la Terre.

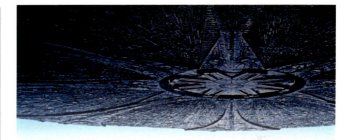

AU CINÉMA

INDEPENDENCE DAY

Dans le film de science-fiction *Independence Day* (1996), la population humaine est menacée par une invasion extraterrestre. Ici, le vaisseau survole New York. Les humains contre-attaquent le 4 juillet, jour de l'indépendance des États-Unis. C'est l'un des films catastrophes qui a eu le plus de succès.

Par-delà le temps et l'espace

En 1905, Albert Einstein soutient que le temps se modifie selon la vitesse à laquelle les personnes se déplacent, au lieu d'être un élément immuable pour tous.

La découverte de la relativité du temps a révolutionné la physique. Einstein a aussi prouvé que la gravité pouvait influencer le temps. Grâce à ses théories, les astronomes ont réussi à expliquer plusieurs phénomènes étranges observés dans l'espace.

ALBERT EINSTEIN
Albert Einstein, né en 1875, a révolutionné les sciences. Sa théorie de la relativité a aidé à expliquer l'espace, le temps, la matière et l'énergie. Einstein a utilisé la relativité pour élaborer la première théorie mathématique sur l'Univers et mettre au point sa célèbre formule $E=mc^2$, où E est l'énergie, m la masse et c la vitesse de la lumière. Elle prouve que la matière peut apparaître comme une vaste quantité d'énergie. Cette formule a servi à développer l'énergie nucléaire et la bombe atomique.

L'espace-temps

Jusqu'aux travaux d'Einstein en 1905, l'espace et le temps étaient considérés comme des valeurs immuables et absolues. Einstein a prouvé qu'en réalité ils dépendaient l'un de l'autre. Cette nouvelle notion a été appelée espace-temps.

Déformation spatiotemporelle

Les objets massifs peuvent déformer l'espace-temps autour d'eux. Plus leur masse est concentrée, plus l'effet est marqué. C'est pourquoi les galaxies les plus lointaines ont une forme étrange : leur lumière est déviée en traversant l'espace-temps déformé par les objets massifs sur son chemin.

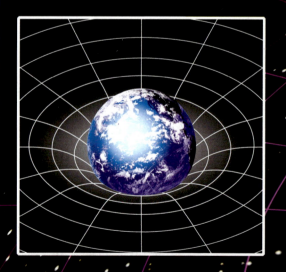

Trous de ver

Les théories d'Einstein envisagent des « tunnels » (ou trous de ver) à travers l'espace-temps. Probablement minuscules, il pourrait être possible de les agrandir, ce qui en ferait des raccourcis vers des régions – ou des époques – éloignées.

Machines à remonter le temps

Les malheureux qui s'approcheraient d'un trou noir seraient écrasés. Mais si le trou noir est en rotation et que ces voyageurs entrent dans la spirale, ils pourraient s'en approcher sans être détruits. Certains scientifiques pensent que les trous noirs pourraient ainsi permettre de voyager dans le temps. Mais pourrait-on ensuite revenir sur Terre ?

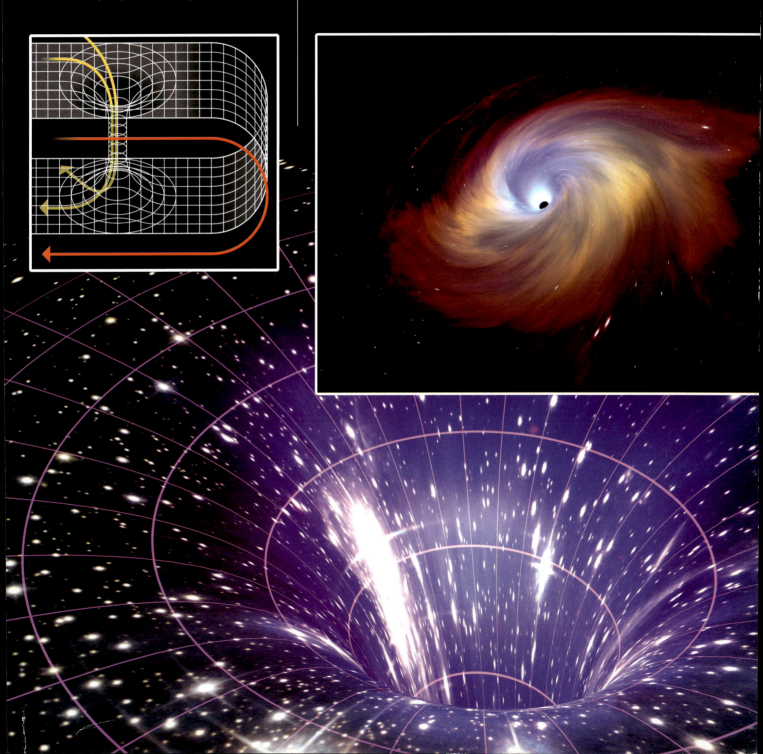

Questions sans réponses

Nous ne pouvons atteindre qu'une infime partie de l'Univers grâce à nos vaisseaux. Pour connaître le reste, nous devons analyser la lumière et les autres formes de radiations émises par les objets spatiaux.

Bien qu'il reste encore beaucoup de questions en suspens, la science a déjà résolu de nombreux mystères. Un jour, nous parviendrons peut-être à tout comprendre. Voici quelques-unes des questions qui demeurent.

La matière sombre
La masse d'une galaxie peut être déterminée de deux manières : en mesurant les effets de sa gravité ou en comptant les étoiles qu'elle contient. Mais les résultats divergent, ce qui signifie que sa masse est constituée d'une mystérieuse matière noire, sous forme de petites étoiles ou de particules subatomiques.

MYSTÈRES UNIVERSELS

La plus grande question concernant l'Univers est : « D'où vient-il ? » Si nous comprenons plus ou moins l'histoire de sa formation depuis le Big Bang jusqu'à nos jours, personne ne sait encore comment le Big Bang est apparu.

Nous ignorons également si notre Univers est tout ce qui existe. Il est possible que ce ne soit qu'un univers parmi d'autres que nous ne connaissons pas.

Ci-dessous : La masse des galaxies et du gaz (en violet) est trop importante par rapport au nombre d'étoiles. Le reste serait de la matière noire.

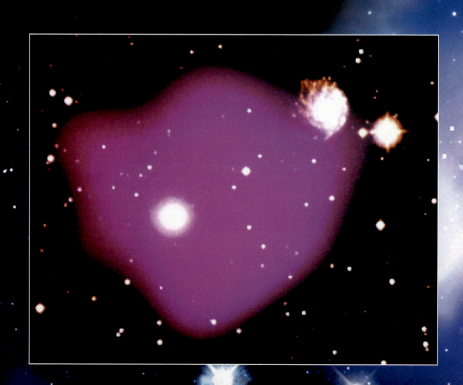

L'ESPACE, DEMAIN

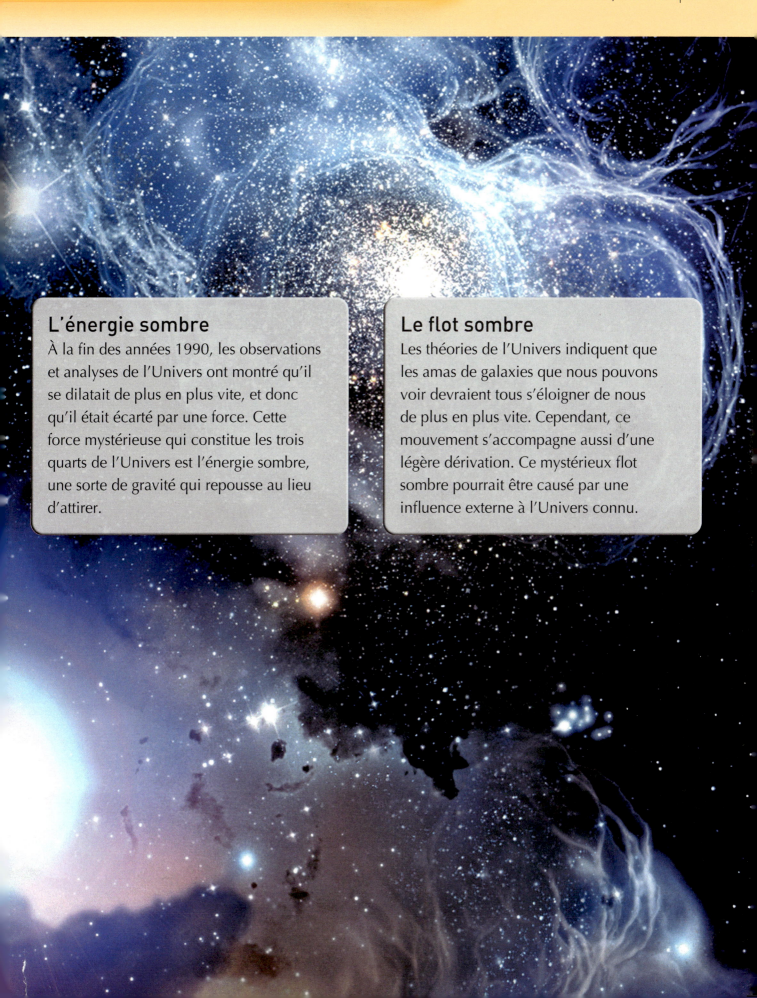

L'énergie sombre

À la fin des années 1990, les observations et analyses de l'Univers ont montré qu'il se dilatait de plus en plus vite, et donc qu'il était écarté par une force. Cette force mystérieuse qui constitue les trois quarts de l'Univers est l'énergie sombre, une sorte de gravité qui repousse au lieu d'attirer.

Le flot sombre

Les théories de l'Univers indiquent que les amas de galaxies que nous pouvons voir devraient tous s'éloigner de nous de plus en plus vite. Cependant, ce mouvement s'accompagne aussi d'une légère dérivation. Ce mystérieux flot sombre pourrait être causé par une influence externe à l'Univers connu.

Livres et films

Les livres, les films et les séries télévisées de science-fiction sont avant tout divertissants, mais cela n'empêche pas certains de se fonder sur des bases scientifiques, comme ceux cités ici.

LIVRES
- *De la Terre à la Lune* et *Autour de la Lune* de Jules Verne (1865 et 1870) : les premiers livres basés sur la science imaginant ce que pourrait être un voyage sur la Lune.
- *Les Premiers Hommes dans la Lune* de H. G. Wells (1901) : une aventure sur la Lune qui aurait pu se réaliser.
- *Le Nuage noir* de Fred Hoyle (1957) : un événement cosmique hors du commun imaginé par un grand scientifique.
- *Un ticket pour la Lune* de Frank Cottrell Boyce (2008) : un livre amusant sur une aventure spatiale fortuite.

FILMS
- *Destination : Lune !* (Irving Pichel, 1950) : une prédiction des premiers pas sur la Lune.
- *Le Jour où la Terre s'arrêta* (Robert Wise, 1951) : l'un des meilleurs films sur les visites d'extraterrestres.
- *2001 : L'Odyssée de l'espace* (Stanley Kubrick, 1968) : une réflexion philosophique toujours d'actualité.
- *Apollo 13* (Ron Howard, 1995) : récit d'une vraie catastrophe spatiale.
- *Contact* (Robert Zemeckis, 1997) : ce qui pourrait arriver si nous recevions des émissions extraterrestres.
- *Les Premiers Hommes dans la Lune* (Nathan Juran, 2010) : la meilleure adaptation du roman de H. G. Wells.

SÉRIES TÉLÉ
- *Star Trek* (Gene Roddenberry, 1966-1969) : une épopée de l'espace à la découverte d'autres vies.
- *Space 2063* (1995-1996) : la Terre confrontée à l'attaque d'une civilisation extraterrestre.
- *De la Terre à la Lune* (Andrew Chaikin, 1998) : série documentaire sur l'exploration spatiale américaine et le programme *Apollo*.
- *Stargate: Atlantis* (Robert C. Cooper, Brad Wright, 2004) : une équipe scientifique rejoint la mythique cité d'Atlantis.
- *V* (Scott Peters, 2009) : l'invasion pacifique d'extraterrestres déclenche des réactions très différentes.

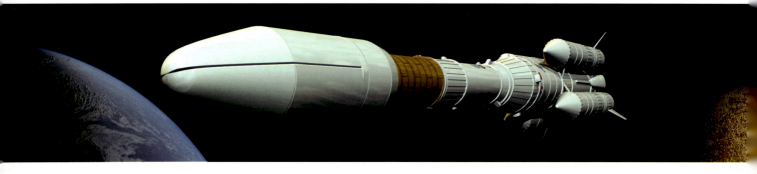

Vue d'artiste d'une fusée du futur avec sa charge

SITES INTERNET SUR L'ESPACE ET LE TEMPS

http://www.palais-decouverte.fr   La mécanique dans l'espace et le temps (de Newton à la mécanique quantique).

http://www.astronomes.com/la-fin-des-etoiles/trou-noir-espace-temps   Site d'astronomie et d'astrophysique : la distorsion de l'espace-temps autour d'un trou noir.

Glossaire

Altitude : hauteur d'un objet au-dessus de la surface de la Terre ou d'un autre corps.

Amas : groupe d'étoiles ou de galaxies réunies par la gravité.

Année-lumière : distance parcourue par la lumière en une année.

Astéroïde : objet rocheux tournant autour du Soleil et généralement situé entre Mars et Jupiter, tellement petit que sa gravité est trop faible pour lui donner une forme sphérique.

Astromobile : véhicule électrique utilisé pour explorer la Lune ou pouvant se déplacer seul à la surface d'une autre planète.

Astronome : personne qui étudie l'espace et ce qu'il contient.

Atmosphère : couche de gaz et de nuages encerclant une étoile, une planète ou une lune (sur Terre, l'air).

Atome : objet minuscule, invisible à l'œil nu, qui compose la matière. Plusieurs atomes forment une molécule.

Atterrisseur : robot non habité qui se pose sur une planète pour l'explorer, mais qui ne peut pas se déplacer.

Aurore : lueur qui apparaît dans le ciel près du pôle Nord ou Sud sur Terre ou une autre planète.

Axe : ligne imaginaire autour de laquelle s'effectue la rotation d'un objet.

Big Bang : expansion soudaine qui donna naissance à l'Univers selon la théorie moderne.

Billion : un million de millions (1 000 000 000 000).

Cabine : élément d'un véhicule où sont installés les passagers.

Champ magnétique : zone soumise au magnétisme d'un aimant, d'une planète ou d'un autre objet céleste.

Comète : masse de poussières et de glace. Lorsqu'elle s'approche du Soleil, celui-ci transforme la glace en gaz, ce qui donne naissance à deux traînées.

Constellation : groupe d'étoiles dans le ciel. Les étoiles sont à des distances différentes de la Terre, mais elles semblent proches les unes des autres parce que nous les observons selon le même angle.

Couronne : couche de gaz chaude et épaisse, de faible densité, entourant le Soleil et les étoiles.

Cratère : zone circulaire creuse à la surface d'un objet, causée par un volcan ou l'impact d'une météorite ou d'un autre objet.

Densité : quantité de masse dans un volume donné.

Électron : particule chargée électriquement qui constitue les atomes.

Équateur : ligne imaginaire encerclant une planète en son milieu.

Espace : zone située au-delà de l'atmosphère terrestre.

Étoile : astre formé d'une boule de gaz qui dégage une forte énergie et une lumière souvent visible depuis la Terre. Le Soleil est une étoile.

Évolution : modificationss subies par une forme de vie.

Exoplanète : planète en orbite autour d'une autre étoile que le Soleil.

Fission nucléaire : processus pendant lequel le noyau d'un atome se brise en libérant de l'énergie. Utilisé dans les centrales nucléaires.

Force : poussée ou traction.

Fusion nucléaire : processus pendant lequel les noyaux d'atomes d'hydrogène s'unissent en libérant de l'énergie, comme dans beaucoup d'étoiles et certaines armes atomiques.

Galaxie : ensemble de milliards d'étoiles regroupées par la gravité.

Gravité : force d'attraction des objets entre eux.

Horizon : ligne où le ciel et le sol (ou la mer) se rencontrent.

Infrarouge : type de radiations souvent ressenti sous forme de chaleur.

Interstellaire : entre les étoiles.

Ion : atome avec un ou plusieurs électrons en plus ou en moins et donc chargé électriquement.

Laser : appareil émettant un fin rayon de lumière d'une seule couleur qui ne s'éparpille pas.

Lune : objet en orbite autour d'une planète, aussi appelé satellite naturel.

Mars : quatrième planète du Système solaire, deuxième plus petite, la plus semblable à la Terre.

Mercure : la plus petite planète du Système solaire et la plus proche du Soleil.

Météore : traînée lumineuse dans le ciel provoquée par la chute d'un météoroïde. Souvent appelé étoile filante.

Météorite : morceau de roche ou de métal tombé de l'espace sur Terre.

Météoroïde : objet dérivant dans l'espace qui peut tomber dans l'atmosphère et devenir un météore.

Microgravité : force de gravité très faible ressentie dans une navette spatiale.

Micro-ondes : ondes radio puissantes.

Milliard : mille millions (1 000 000 000).

Minute-lumière : distance que parcourt la lumière en une minute.

Naviguer : trouver son chemin lors d'un déplacement.

Nébuleuse : forme floue visible dans le ciel nocturne, contenant des poussières et des gaz.

Noyau : partie centrale d'une planète ou d'une étoile.

Nucléaire : relatif au noyau des atomes.

Ondes radios : type de radiation émis par de nombreux objets spatiaux et utilisé pour transmettre des messages.

Orbite : itinéraire d'un objet autour d'un autre dans l'espace.

Particule : objet minuscule, comme un grain de poussière, un atome ou un électron.

Période de rotation : durée employée par un objet (comme une planète) pour faire un tour sur lui-même (24 heures pour la Terre).

Planète : grand corps céleste, non lumineux par lui-même, souvent doté d'une atmosphère. En orbite autour du Soleil ou d'une autre étoile, il peut posséder une ou plusieurs lunes.

Planète naine : objet céleste plus petit qu'une planète. La gravité lui donne une forme arrondie, contrairement aux astéroïdes.

Pôles : extrémités de l'axe d'une planète. Les pôles magnétiques sont les deux bouts d'un objet où le champ magnétique est le plus fort.

GLOSSAIRE ET INDEX

Radar : système faisant rebondir des micro-ondes sur des objets pour les étudier.

Radiation : type d'énergie se déplaçant à très grande vitesse.

Rayon équatorial : distance entre le centre d'une planète et son équateur.

Rayons gamma : radiations les plus puissantes.

Rayons X : puissant type de radiations traversant les petits objets.

Robot : machine très évoluée pouvant accomplir différentes tâches, souvent à la place d'un humain.

Satellite : objet, artificiel ou naturel, en orbite autour d'un autre dans l'espace.

Sonde : engin spatial non habité envoyé explorer l'Univers.

Sphère céleste : sphère imaginaire entourant la Terre et semblant tourner d'est en ouest en emmenant les étoiles.

Supernova : explosion très lumineuse, correspondant parfois à la mort d'une étoile.

Système solaire : composé du Soleil et de tous les objets qui lui tournent autour, dont les planètes.

Température : mesure permettant de savoir si un objet est chaud ou froid.

Terre : Notre planète, la troisième à partir du Soleil et la seule à posséder une seule lune et des océans liquides.

Trou noir : restes d'une étoile absorbant tous les objets environnants dans l'espace, y compris la lumière, d'où son apparence noire.

Ultraviolet : puissant type de radiations responsable du bronzage et des coups de soleil.

Univers : tout ce qui existe.

Voie lactée : nom de la galaxie comprenant notre Système solaire.

Index

A
activités extravéhiculaires (EVA) 112-113
Aldrin, Edwin "Buzz" 108, 109
amas globulaire 85
amas des Pléiades 84
amas ouvert 85
antimatière 145
Apollo (missions) 106-109, 128
Armstrong, Neil 108, 109
ascenseur spatial 135
astéroïde 58
exploitation 137
astronaute
  combinaison 112-113
  course à l'espace 104-105
  missions *Apollo* 106-109
  vie dans l'espace 114-115
atmosphère
  sur Jupiter 50
  sur la Lune 44
  sur Mars 46, 48, 132
  sur Saturne 52
  sur Terre 42
  sur Uranus 54
  sur Vénus 41
atterrisseurs et astromobiles 126-127
  astromobile lunaire 109
  ExoMars (atterrisseur) 127
  Lunokhod (atterrisseurs) 64, 127, 128
  Opportunity (astromobile) 21, 49
  Pathfinder (atterrisseur) 47
  Phoenix (atterrisseur) 49
  Sojourner (astromobile) 47, 49, 127
  Spirit (astromobile) 49
  Viking (atterrisseur) 49
aurore 11, 71
Avatar (film) 137
avion spatial 130-131

B
BepiColombo (sonde) 125
Big Bang 94-95
bolide 61
Brahé, Tycho 17

C

ceinture de Kuiper 59
Céphéides 81
chaleur des rayons 23
Challenger (navette spatiale) 111
champ magnétique 42
   de Jupiter 50
   du Soleil 70
   étoile à neutrons 77
climat 15, 70
Collins, Michael 108
Columbia (navette spatiale) 111, 128
combinaison spatiale 112-113
comète 62-63
comète de Halley 63
constellation 18-19
course à l'espace 104-105
cratère 38, 39, 45, 48, 51, 60

D

Deep Impact (sonde) 63
dinosaures (extinction) 62
distances dans l'espace 96

E

éclipse 20-21
éclipse de Lune 20, 21
éclipse de Soleil 20, 21
écliptique 19
effet de serre 41
Einstein, Albert 79, 150
énergie solaire 136
énergie sombre 153
Enterprise (navette spatiale) 110
éruption solaire 71
espace-temps 150
étoile 66-67
   amas d'étoiles 84-85
   constellation 18-19
   distances entre les étoiles 96
   étoile à neutrons 74, 76-77
   étoile binaire 82-83
   étoile filante (météore) 60-6
   étoile variable 80-81
   mort d'une étoile 74-75
   naissance d'une étoile 72-73
   naviguer grâce aux étoiles 16
   observation 10-11, 16-17
   pulsar 76-77
   taches 81
   trou noir 74, 78-79, 91, 151
   voir aussi Soleil
ExoMars (atterrisseur) 127
extraterrestre 146-149

F

facule 71
flot sombre 153
fusée, *voir* vaisseau spatial habité
fusée à étages 101

G

Gagarine, Youri 104, 128
galaxie 88-89, 90-91, 96
Galaxie du Tourbillon 90-91
Galilée 24, 32, 50, 64, 88
Galileo (sonde) 51, 64
Galle, Johann Gottfried 57, 64
Giotto (sonde) 64, 125
Glenn, John 105
Goddard, Robert 99, 128
granulation 71
gravité 34
   dans les vaisseaux 114-115
   échapper à la gravité 100-101
   étoiles à neutrons 77
   le Soleil 68
   marée 45
   sur Jupiter 62
   sur la Lune 44
   trou noir 78
   vie dans l'espace 142
Guerre des mondes, La (roman) 47

H

Hale, Edward Everett 121
Halley, Edmond 63, 64
Herschel, William 23, 24, 55, 64, 88
L'Homme dans la Lune (roman) 98
Hubble, Edwin 32
Hubble (télescope spatial) 31, 55, 111
Huygens, Christiaan 64
Huygens (sonde) 64, 126

I

Independence Day (film) 149
ionosphère 27

J

Jansky, Karl 27
Jupiter 34, 50-51, 62

L

Leonov, Alexei 128
ligne spectrale 23
lumière 22-23
lumière zodiacale 60-61
Luna (sondes) 64, 128
Lune 10, 44-45
   Apollo (missions) 106-109
   base lunaire 138-139
   eau sur la Lune 137
   éclipse de Lune 20, 21
   Lunokhod (atterrisseurs) 127
Lunokhod (atterrisseurs) 64, 127, 128

M

Magellan (sonde) 40
mal de l'espace 115
marées 45
Mariner (sondes) 39, 47, 64, 128
Mars 34, 46-47
   colonie martienne 140-141
   éclipse 20-21
   ExoMars (atterrisseur) 127
   futures missions sur Mars 132-133
   la vie sur Mars 48-49
   les saisons sur Mars 15
   Sojourner (astromobile) 127
matière sombre 152
Mercure 34, 38-39
Messenger (sonde) 38, 39
Messier, Charles 85
météore (étoile filante) 60-61
méthodes de propulsion 134-135, 145
microgravité 114-115
Mission to Mars (film) 133
mythologie 11, 15, 19, 39

N

NASA (Agence spatiale américaine) 133
navette spatiale 110-111, 128
navigation par satellite 118-119
naviguer grâce aux étoiles 16
nébuleuse 10, 75, 76, 86-87
Neptune 34, 56-57
New Horizons (sonde) 51
Newton, Sir Isaac 24, 32, 128
Nuages de Magellan 88
Nuage d'Oort 63
nuage moléculaire 73

O

objet volant non identifié (OVNI) 27, 148
observatoire 25, 28-31

onde gravitationnelle 29
Opportunity (astromobile) 21, 49
orbite 35, 44, 101, 105, 106, 122, 130
    binaire 82
    Mars 46
    Pluton 59
    satellite 116-117, 121

P

Pathfinder (atterrisseur) 47
Phoenix (atterrisseur) 49
Pioneer (sondes) 51, 52, 64, 69, 125, 128, 144, 149
pionniers de l'exploration spatiale 98-99
planètes, *voir* nom de chaque planète
planète naine 59
pluie de météores des Léonides 61
Pluton 59
Polyakov, Valeri 115
poussières et météorites 60-61
Premiers Hommes sur la Lune, Les (roman) 99
propulsion ionique 135
propulsion nucléaire 135
propulsion nucléaire (fusion) 145
pulsar 76-77

R

radiation 22-23
radiotélescope 26-27, 149
réaction nucléaire 69
Recherche d'une intelligence extraterrestre (SETI) 149
Reconnaissance (sonde) 48
recycler dans l'espace 143
Rencontre du troisième type (film) 27
ressources de l'espace 136-137

S

saisons 14-15
Sakigake (sonde) 64
Salyut 1 (station spatiale) 120
satellite 104, 116-119, 128
Saturne 34, 52-53
Skylab (station spatiale) 121, 128
Skylon (avion spatial) 131
Sojourner (astromobile) 47, 49, 127
Solar Terrestrial Relations Observatory (mission STEREO) 69
sondes 124-125
    BepiColombo 125
    Deep Impact 63
    Galileo 51, 64
    Giotto 64, 125
    Huygens 64, 126
    Luna 64, 128
    Magellan 40
    Mariner 39, 47, 64, 128
    Messenger 38, 39
    New Horizons 51
    Pioneer 51, 52, 64, 69, 125, 128, 144, 149
    Reconnaissance 48
    Sakigake 64
    Stardust 63
    Suisei 64
    Vega 64
    Voyager 51, 52, 54, 55, 56, 57, 64, 124, 149
SpaceShipOne 130, 131
spectre électromagnétique 22
spectre visible 23
sphère céleste 17
sphère de Dyson 143
Spirit (astromobile) 49
Spoutnik 1 (satellite) 104, 128
Star Trek (série et films) 89
Stardust (sonde) 63
station spatiale 120-123

Station spatiale internationale (ISS) 122-123, 128
station spatiale *Mir* 121
stratofusée 145
Soleil 34-37, 68-70
    couronne 20
    éclipse solaire 20, 21
    surface du Soleil 70-71
    trajet du Soleil 12-13
Suisei (sonde) 64
supernova 74, 75, 86, 87
Système solaire (distances) 96
Système solaire (formation) 36-37

T

taches solaires 71, 81
télescope
    observatoire 28-29
    radiotélescope 26-27, 149
    télescope à neutrinos 29
    télescope optique 24-25
    télescope spatial *Hubble* 31, 55, 111
Tereshkova, Valentina 128
terraformation 141
Terre 12, 34, 42-43
Tombaugh, Clyde 64
trou de ver 151
trou noir 74, 78-79, 91, 151
Tsiolkovski, Constantin 99, 128

U

Univers 92-95
Uranus 34, 54-55

V

vaisseau générationnel 143
vaisseau spatial 143, 144-145
    Apollo (missions) 106-109, 128
    combinaison 112-113
    échapper à la gravité 100-101
    navette spatiale 110-111, 128
    pionniers 98-99
    station spatiale 120-123, 128
    voyager dans l'espace 102-103
Vega (sondes) 64
véhicule d'exploration spatiale, *voir* atterrisseurs et astromobiles ; sondes
vent solaire 42, 71
VentureStar 130
Vénus 34, 40-41
vie dans l'espace 142-143
vie sur d'autres planètes 146-149
Viking (atterrisseur) 49
vitesse d'évasion 100
vitesse orbitale 101
Voie lactée 27, 88-89
voile solaire 134
volcan 41, 47
Voyager (sondes) 51, 52, 54, 55, 56, 57, 64, 124, 149

X

X-15 (avion spatial) 130
X-37 (avion spatial) 130, 131

Z

zodiaque 19

Remerciements

L'éditeur souhaite remercier les illustrateurs suivants : Sebastian Quigley (Linden Artists) Sam et Steve Weston (Linden Artists).

L'éditeur souhaite remercier les personnes suivantes pour leur aimable autorisation de reproduire leurs photographies. Un grand soin a été accordé pour retrouver tous les détenteurs de droits. Toutefois, en cas d'omission ou d'erreur, l'éditeur s'en excuse et s'engage, s'il est informé à temps, à effectuer des corrections à l'occasion d'une réédition.

h = en haut, b = en bas, c = au centre, g = à gauche, d = à droite

Pages 4 Shutterstock/Giovanni Benintende; 10 Shutterstock/Patrick Breig; 11 Shutterstock/Pi-Lens; 13 Corbis/Kennan Ward; 15g Shutterstock/Ozerov Alexander; 15d Art Archive/Superstock; 19 Shutterstock/Antonio Abrignani; 21 Shutterstock/RG Meier; 24 Science Photo Library (SPL)/ESO; 26 SPL/Martin Bond; 27hg Shutterstock/fstockfoto; 27bg Topfoto/World History Archive; 27bd Kobal Collection/Columbia; 29c SPL/Tommaso Guicciardini; 29b SPL/David Parker; 45h Shutterstock/Vibrant Image Studio; 45b Shutterstock/Danshutter; 48g Corbis/Bryan Allen; 48d SPL/EAS/DLR/Fu Berlin (G. Neukem); 55hg SPL/Mark Garlick; 55cd SPL/NASA; 56 Shutterstock/Diego Barucco; 57 SPL/Julian Baum; 60bg Shutterstock/Dmitriy Kovtun; 60bd Shutterstock/Jeffrey M. Frank; 60cd Getty/Image North America; 61 SPL/Tony & Daphne Hallas; 63g SPL/NASA; 63d SPL/David A. Hardy; 64 Shutterstock/dedek; 67 SPL/Kaj R. Svensson; 68 Shutterstock/Serg64; 73 Shutterstock/xfox01; 77 SPL/Mehau Kulyk; 83 SPL/Mark Garlick; 85 SPL/NOAO/Aura/NSF; 86 Shutterstock/William Attard Mccarthy; 88 SPL/ESO; 89 Kobal Collection/Paramount; 93g Shutterstock/Richard Williamson; 93c SPL ; 98g Shutterstock/Zastol'skiy Victor Leonidovich; 98d Topfoto/FotoWare; 99g SPL/Detlev van Ravenswaay; 99h SPL/NASA; 99d Rex/ITV; 104 SPL/ RIA Novosti; 117 Shutterstock/Vadim Ponomarenko; 119h Shutterstock/Jirsak; 119g Shutterstock/kaczor58; 119d Shutterstock/Evgeny Vasenev; 120 SPL/RIA Novosti; 121 Topfoto/The Granger Collection; 122 Shutterstock/jean-luc; 123 SPL/NASA; 133hg Shutterstock/Jan Kaliciak; 133cg Shutterstock/Sebastian Kulitzki; 133d Kobal Collection/Touchstone; 137 Kobal Collection/Twentieth Century-Fox; 148 Shutterstock/photoBeard; 149h Shutterstock/Israel Pabon; 149c Kobal Collection/ Twentieth Century-Fox; 152 Shutterstock/Neo Edmund; 152d SPL/NASA; 154 Shutterstock/1971yes

Crédits de couverture (de gauche à droite, et de haut en bas)

Plat 1 – planètes : Shutterstock/© dedek, fusée : Shutterstock/© Blinow61, *Apollo 13* : Shutterstock/© Edwin Verin, *Apollo 17* : Shutterstock/© Edwin Verin, *Apollo* : Shutterstock/© Computer Earth, astéroïdes : Shutterstock/© Gl0ck, voiture pour cosmonaute : Kingfisher, astronaute : Shutterstock/© 1971yes, météorite : Shutterstock/© Gl0ck, Saturne et satellite : Kingfisher.
Dos – astronaute : Shutterstock/© 1971yes, Saturne et satellite : Kingfisher.
Plat 4 – voiture pour cosmonaute : Kingfisher, *Apollo* : Shutterstock/© Computer Earth, fusée : Shutterstock/© Blinow61, météorite : Shutterstock/© Gl0ck, *Apollo 13* : Shutterstock/© Edwin Verin, *Apollo 17* : Shutterstock/© Edwin Verin, astéroïdes : Shutterstock/© Gl0ck, astronaute : Shutterstock/© 1971yes, planètes : Shutterstock/© dedek, robot d'exploration : Kingfisher.